Cimolino (Hrsg.) · Brust · Otte · Schmid

Einsatz von Luftfahrzeugen im Brand- und Katastrophenschutz

Bibliografische Information der deutschen Nationalbibliothek
Die deutsche Nationalbibliothek verzeichnet diese Publikation in der Deutschen Nationalbibliografie; detaillierte bibliografische Daten sind im Internet über <http://dnb.de> abrufbar.

Bei der Herstellung des Werkes haben wir uns zukunftsbewusst für umweltverträgliche und wiederverwertbare Materialien entschieden.
Der Inhalt ist auf elementar chlorfreies Papier gedruckt.

ISBN: 978-3-609-77519-7

E-Mail: kundenservice@ecomed-storck.de
Telefon: 089/2183-7922
Telefax: 089/2183-7620

Landsberg am Lech
www.ecomed-storck.de

Titelbild: @fire

Satz: Fotosatz Buck, Kumhausen
Druck: Westermann, Druck, Zwickau

Inhaltsverzeichnis

Vorwort

Der Einsatz von Luftfahrzeugen in der Gefahrenabwehr insbesondere bei dynamischen Flächenlagen, aber auch bei ungewöhnlichen Ereignissen in exponierten Gebieten, ist aktueller denn je. Begleitet wird dies von laufenden Diskussionen um Kosten, Anforderungswege und -rechte, Bereitstellungspflichten, Zuständigkeiten sowie immer wieder laufenden Aktionen zur Bewerbung verschiedener Techniken oder Zukunftskonzepte von Gruppen oder Firmen in den Medien. Die Vereinigung zur Förderung des Deutschen Brandschutzes (vfdb) und der Deutsche Feuerwehrverband (DFV) positionierten sich hierzu Mitte 2022 gemeinsam. Ziel ist es, den Einsatz der Feuerwehren und der anderen Mitwirkenden in der Gefahrenabwehr für den Alltag und der Vorbereitung Hilfestellung zu geben.

Das gemeinsame Positionspapier ist hier zu finden:

https://www.vfdb.de/newsroom/presse/luftfahrzeuge-fuer-die-gefahrenabwehr-verbaende-fordern-dringend-verbesserung-der-einsatzmoeglichkeiten

Oder über den hier abgebildeten QR-Code zum Downloaden.

Dieses Buch unterstreicht die Notwendigkeit und erläutert die Hintergründe auf dem Weg zu einer wirkungsvollen Ausbildung, Taktik und Einsatzvorbereitung sowie dem lageangepassten Einsatz von unterschiedlichsten Luftfahrzeugen.

Die Einsatzunterstützung aus der Luft ist je nach Einsatzlage ein z.T. erfolgsentscheidender Baustein für die Gefahrenabwehr. Die Erfahrungen der vergangenen Jahre sowie zukünftige Gefahrenprognosen haben aufgezeigt, dass in Deutschland weiterhin ein deutlicher Bedarf an der Vermittlung von Einsatzfähigkeiten und -möglichkeiten von Luftfahrzeugen besteht und dass auch bei den Fähigkeiten und der Ausrüstung der Luftfahrzeuge eine Ergänzung und Weiterentwicklung erforderlich ist.

Dieses Buch basiert in seinen wesentlichen Teilen auf der Fachempfehlung Luftfahrzeugeinsatz des DFV 2022, die ebenfalls von den gleichen Autoren erstellt wurde. Sie ist darüber hinaus zum besseren Verständnis mit umfangreicheren

Erläuterungen, vielen praktischen Beispielen und damit mehr Bildmaterial sowie Verweisen auf Sekundärliteratur versehen.

Das Buch dient als Basis für die Luftarbeit und bezieht die Belange der ausgebildeten Bordbesatzungen und Bodenkräfte mit ein.

Wir bedanken uns für die Unterstützung bei allen genannten Fotografen, den Einsatzkräften, die ihre Erfahrungen mit den Autoren geteilt haben, sowie insbesondere bei Jan Südmersen, stellv. Vorsitzender des AK W im DFV, Präsident von @fire, der Ende 2019 und Anfang 2020 die ersten Taktiklehrgänge mit internationalen Trainern für den Vegetationsbrand und insbesondere auch zum Einsatz von Luftfahrzeugen organisiert hat. Auf deren Basis entstand dann die Fachempfehlung für den Luftfahrzeugeinsatz (vgl. DFV, 2022).

Autoren

Dr. rer. sec. Ulrich Cimolino

Seit 1981 FF Pfarrkirchen. Von 1986–1991 Studium der Sicherheitstechnik an der Uni Wuppertal und FF Wuppertal-Hahnerberg. Von 1991–1993 Brandreferendar der Stadt Düsseldorf. Von 1993–1998 Abteilungsleiter Ausbildung, von 1997–2018 Abteilungsleiter Technik, seit 2018 Stabsstelle klimawandelbedingter KatS und Wissenschaft der Feuerwehr Düsseldorf, Pensionierung 12/2024.

Promotion 2014 zum Dr. rer. sec. an der Uni Wuppertal.

Mitglied im AK Waldbrand DFV seit 2006, seit 2019 dessen Leiter

Mitglied in der länderoffenen AG nationaler Waldbrandschutz

Vorsitzender vfdb-Expertenkommission Starkregen

Mitglied Forest Fire Commission im CTIF

Mitglied @fire

Inhaber Ingenieurbüro Dr. Cimolino, Honorardozent, Sachverständiger für Einsatz, Taktik und Technik

Dipl.-Ing. (FH) Stephan Brust

Seit 1988 FF Karlstadt und seit 1992 Mitglied in der Kreisbrandinspektion Main-Spessart. Von 1998 bis 2002 Studium der Elektrotechnik Fachrichtung Regelungstechnik an der Hochschule Darmstadt. 2009 bis 2011 Ausbildung für die Laufbahngruppe 2.1 (ehem. gehobener feuerwehrtechnischer Dienst) bei der Berufsfeuerwehr Mainz. Danach Verwendung in der Abteilung Ausbildung und als Einsatzführungsdienst. 2021 bis 2022 Aufstieg in die Laufbahngruppe 2.2 (ehem. höherer feuerwehrtechnischer Dienst). Stellvertretender Schulleiter der Staatlichen Feuerwehrschule Würzburg. Die Staatliche Feuerwehrschule Würzburg ist das bayerische Kompetenzzentrum für die Aus- und Fortbildung der bayerischen Flughelfer und Luftbeobachter. Kontingentführer der bayerischen Flughelfer zur Unterstützung bei der Waldbrandbekämpfung im Sommer 2022 in der sächsischen Schweiz.

Dipl.-Verww. (FH) Alexander Otte

Berufshubschrauberpilot auf der AS 332 „Super Puma“ und seit 2018 in der Vegetationsbrandbekämpfung aus der Luft in Deutschland eingesetzt. Herausragende Einsätze waren hierbei die Brände in Brandenburg 2018 (Treuenbrietzen und „Altes Lager“), in Mecklenburg-Vorpommern 2019 (Lübtheen) und in Sachsen-

Anhalt 2020 (Thale). Im Rahmen der Starkregenereignisse 2021 in Nordrhein-Westfalen und Rheinland-Pfalz mit der Koordination von Hubschrauberanforderungen betraut. Seit 1997–2009 Angehöriger der Freiwilligen Feuerwehr in Niedersachsen und seit 2009 in Schleswig-Holstein. An der Fortbildung von Hubschrauberpiloten und Feuerwehrkräften zu Grundlagen der Vegetationsbrandbekämpfung sowie dem Einsatz von Luftfahrzeugen durch die Feuerwehr und den Katastrophenschutz beteiligt. Der Autor verfasste 2023 seine Masterarbeit zum Thema „Hubschrauber in der nichtpolizeilichen Gefahrenabwehr".

Dr.-Ing. Martin Schmid

Leiter der Abteilung Luftarbeit und stellv. Fachbereichsleiter Vegetationsbrand bei @fire; seit 1995 Mitglied verschiedener Freiwilliger Feuerwehren (Wittlich, Kaiserslautern, München); Kommandant der Abteilung Flughelfer der FF München von 2015 bis 2021; Ausgebildeter Verbandsführer und Fliegerischer Einsatzleiter; Teilnahme an verschiedenen nationalen und internationalen Fortbildungen im Bereich der Vegetationsbrandbekämpfung sowie der Luftarbeit. Abschnittsleiter Luft z.B. beim Waldbrand in der Sächsischen Schweiz 2022. Promovierter Maschinenbauingenieur.

1 Einleitung

1.1 Einsatzbedarf für Luftfahrzeuge

Die Arten der Luftfahrzeuge sind vielfältig, sie reichen von unbemannten Systemen („Drohnen") über Hubschrauber bis hin zu Flächenflugzeugen. Einen Sonderbereich nehmen „darüber" die Satelliten ein. Der Einsatz von Luftfahrzeugen in der Gefahrenabwehr, insbesondere bei Flächenlagen, aber auch bei ungewöhnlichen Ereignissen in exponierten Gebieten ist – auch durch neue technische Möglichkeiten – aktueller denn je. Begleitet wird dies fast immer von laufenden Diskussionen um Zuständigkeiten, Kosten, Anforderungsrechte, -wege bzw. Bereitstellungspflichten. Häufig kommt es gerade im Nachgang von medienwirksamen Großlagen zu Forderungen nach weiteren, größeren oder spezielleren Luftfahrzeugen. Insbesondere die Diskussion um die Beschaffung von

Abb. 1: Hubschrauber spielen weltweit insbesondere in exponierten Lagen eine wichtige Rolle in der Brandbekämpfung. (Foto: Craig Hope, Wales)

Löschflugzeugen in Deutschland im Zuge v.a. des Waldbrandjahres 2022 zeigt dies deutlich.

Während einige EU-Staaten auch eigene „stehende" bzw. mindestens in den Sommermonaten verfügbare feste und darauf spezialisierte Einheiten für den Luftfahrzeugeinsatz vorhalten, verfügte Deutschland bis 2023 über keine spezialisiert dafür vorgesehenen Einheiten. Erst ab Sommer 2023 wurde über Mietverträge in Niedersachsen (2 AirTractor AT 802/1 für das RescEU-Programm, siehe Kap. 1.3) und als ein Gemeinschaftsprojekt zweier Landkreise im Harz (1 Dromader PZL M18 B) für den Sommer bereitgestellt.

Es gibt bisher – und auf absehbare Zeit in Deutschland auch weiterhin – leider keine zentrale Aus- und Fortbildung für diese spezielle

Abb. 2 bis 5: Großer Stützpunkt für AirOps des Los Angeles County Fire Department am Whiteman Airport. Dort stehen neben mehreren eigenen Hubschraubern unterschiedlicher Typen (hier im Bild: Bell 412 und Sikorsky S-70 Firehawk), den dazugehörigen Büros, der Führung sowie Wartungsmöglichkeiten, auch umfangreiche weitere Ausrüstung für Großschadenslagen zur Verfügung. (Fotos: Dr. Cimolino)

Einsatztechnik und -taktik, auch wenn einige Polizeihubschrauberstaffeln einige Übungsstunden u.a. auch für die Vegetationsbrandbekämpfung (Löschen aus der Luft und Lastentransport) einplanen.

Nichtpolizeiliche Gefahrenabwehr

Luftfahrzeuge können bei der nichtpolizeilichen Gefahrenabwehr oder im eingetretenen Schadensfall wie folgt eingesetzt werden:

1. Waldbrandfrüherkennungs-/Überwachungs-/Beobachtungsflüge
2. Erkundung aus der Luft (Luftbeobachtung)
3. Führung von mehreren Luftfahrzeugen im Einsatzgebiet.
4. Direktes Löschen durch Wasseraufnahme aus
   a. Offenen Gewässern
   b. Behältern
   c. Betankung am Boden mit Wasser (und ggf. Zusätzen wie Netzmittel, Gelbildner oder Retardants) durch Einsatzkräfte mit Schläuchen.

   Mit
   - Außenlastbehältern, oder
   - am oder im Luftfahrzeug verbauten Behältern.
5. Indirektes Löschen (Abgabe von Wasser in einen Pufferbehälter im Einsatzgebiet am Boden) durch Wasseraufnahme aus
   a. Offenen Gewässern
   b. Behältern
   c. Betankung am Boden mit Wasser (und ggf. Zusätzen wie Netzmittel oder Retardants) durch Einsatzkräfte mit Schläuchen.

   Mit
   - Außenlastbehältern, oder
   - am oder im Luftfahrzeug verbauten Behältern.
6. Beobachten des Löscherfolgs mit Video- und Bilddaten. Insbesondere Wärmebilder für die Einsatzunterstützung am Boden (zum Auffinden und nachhaltigen Nachlöschen von Glutnestern)
7. Transport von Material und Absetzen im Einsatzgebiet.
8. Transport und Abwurf von Einsatz- bzw. Löschmitteln (Sandsäcke, Betongewichte, Deichbaumaterial)
9. Transport von Gerät (in der Maschine oder als Außenlast) und Absetzen im Einsatzgebiet
10. Transport von Personal (in der Maschine oder an Winde) und Absetzen im Einsatzgebiet
11. RTH bzw. Verlegungshubschrauber

12. Rettungsaktionen von Verletzten (auch Einsatzkräften) aus dem Einsatzgebiet durch Aufnahme am Boden oder über Winde
13. Evakuierungsaktionen aus gefährlichen Bereichen (besonders durch Hubschrauber mit Winde möglich)
14. Bergungsaktionen aus unzugänglichen Bereichen (Tote, Tierkadaver, Sachwerte)
15. Suche nach Personen oder zu evakuierenden Personen oder Sachen
16. Erkundung, Kartographierung, Überwachung und Dokumentation von Gefahren- und Einsatzstellen, Verkehrswegen, Bereitstellungsräumen usw.
17. Strahlenbelastung und Schadstoffe in der Luft messen und luftgestützt detektieren (CBRN-Schutz)
18. Medizinische Dienstleistungen (Transport von Organen bzw. Medikamenten, Interhospital- bzw. Fernverlegungen von Patienten) (nicht mit Drohnen)
19. Führungsunterstützung
20. Information und Warnung, z.B. mittels Lautsprecherdurchsagen (insbesondere in nicht oder schwer zugänglichen Gebieten)

Aufgabe und Verfügbarkeit

Dafür kommen je nach Aufgabe und Verfügbarkeit

- Drohnen (freie und kabelgebundene Typen, derzeit und absehbar nur Punkte 1, 2 und 6, eingeschränkt je nach Aufgabe und Drohne auch 15–20)
- Hubschrauber (alle Punkte)
- Flächenflugzeuge (derzeit und absehbar nur Punkte 1, 2, 3, 4.a und c, und 6, eingeschränkt je nach Aufgabe und Flugzeug auch 15–19)

zum Einsatz.

Ergänzend ist die Nutzung von Luftbildern zur Lageinformation aus der Fernerkundung z.B. aus Satelliten möglich (vgl. Anhang 7.4 zum SKD).

Die Einsatzunterstützung aus der Luft

- **ist ein (über-)lebensnotwendiger Baustein für die Gefahrenabwehr!**
- **hat aber Anpassungs- und Ergänzungsbedarf!**

Vgl. DFV/vfdb, 2022.

Immer wieder zeigen Einsätze im In- und Ausland die Notwendigkeit und die Wichtigkeit der Einsatzunterstützung aus der Luft für die verschiedenen Einsatzbereiche der Gefahrenabwehr.

Die bekanntesten und sicherlich auch dramatischsten Ereignisse kommen dabei in Deutschland immer wieder vor allem bei dynamischen und großflächigen Einsatzlagen vor:

Dynamische und großflächige Einsatzlagen

- Starkregen bzw. Sturzfluten und
- Hochwasser,
- Schneefälle mit Schneebrüchen, Lawinen, Stromausfällen,
- Windbrüche mit abgeschnittenen Orten und Stromausfällen sowie
- Vegetationsbränden.

Abb. 6: Anflug der ersten Hubschrauber der Bundespolizei auf die Lage bei Treuenbrietzen im Sommer 2018 zeigt den großen Umfang, den der Waldbrand im Munitionsverdachtsgebiet da schon angenommen hatte. Das Ablöschen solcher Feuer aus der Luft ist unmöglich! Allerdings ist der taktische Einsatz von Luftfahrzeugen hier dennoch effektiv, wie im Laufe dieses Werks dargestellt wird. (Foto: Otte)

Abb. 7: Erkundung aus der Luft bei Hochwasser nach Starkregen. Mitte rechts das betroffene Gerätehaus der FF Herrstein beim Hochwasser 2018. (Foto: Klaus Wendel, Herrstein)

Boote

Die Rettung mit Booten ist bei Starkregen- oder Flutereignissen und den dort oft stark strömenden Gewässern schwierig und höchst gefährlich, weil die überspülten Hindernisse (vom PKW bis zum Stahlzaun mit Spitzen) oft nicht erkannt werden können und die Boote bzw. deren Antrieb zusammen mit den oft auch knapp unter der Wasseroberfläche treibenden Gütern schwer beschädigen können.

Abb. 8: Im Bereich eines Vorgartens – vermutlich am Gartenzaun – festgefahrenes Boot einer Feuerwehr in Dernau (RLP) am 2. Tag der Flut an der Ahr nach dem Starkregenereignis vom 14.07.2022. Bei der Rettung des Bootes mit einem anderen Boot kam es zu schweren Problemen – und nur mit viel Glück ging der Einsatz hier glimpflich mit Sachschaden aus. (Foto: Riske, Dernau)

Abb. 9: Bei der Rettung aus schwierigen Notlagen ist häufig der Hubschrauber mit Winde das einzig mögliche Rettungsinstrument. Allerdings verfügen längst nicht alle Hubschrauber auch über eine Rettungswinde oder können gar mit einer solchen ausgestattet werden. Dies führte insbesondere bei den Einsätzen im Rahmen der Starkregenereignisse 2021 zu großen Problemen (vgl. Auswertungen der Expertenkommission Starkregen der vfdb, weil in über 50 % der Fälle entweder gar kein, nicht rechtzeitig oder nur eingeschränkt geeignete Hubschrauber vor Ort zur Verfügung standen.)[1] (Foto: Ehresmann, Wiesbaden)

[1] Der AK V der Innenministerkonferenz hat dies erkannt. Es wird daher künftig aufgrund seiner Empfehlungen (basierend auf Arbeiten aus der länderoffenen AG nationaler Waldbrandschutz) beim Bund und auch in den Ländern wieder mehr Augenmerk auf die Beschaffung von leistungsfähigeren Hubschraubern gerichtet werden, wie es in Teilen schon zu Beginn der 2020er Jahre angelaufen ist. Ein größerer Anteil davon wird künftig auch über Außenlastmöglichkeiten und Winden verfügen.

Abb. 10: Mit ausreichend leistungsfähigen Hubschraubern ist der Transport von Personal, Löschwasser, Ausrüstung und Sondergeräten möglich. Hier ist in einem speziellen Transportnetz das Iron-Horse der FF Ottendorf, Sebnitz, Sachsen, für den Materialtransport am Boden im unwegsamen Gebiet verladen. (Foto: Hanswerner Kögler, Ottendorf)

Abb. 11: Eingeflogener, in abgelegenem Gebiet aufgebauter Puffer-Behälter für Löschwasser. Befüllung mittels Außenlastbehälter über Hubschrauber durch Einweisung und Einsprache vom Flughelfer vor Ort. Wasserentnahme mit kleiner TS – Löschen mit D-Schlauchmaterial sowie weiterer Ausrüstung, die ebenfalls eingeflogen wurde. Einsatzkräfte vor Ort von örtlichen Feuerwehren, @fire und der bayerischen Flughelferstaffel. Zu beachten sind die speziell für den Einsatz in unwegsamem Gelände verstellbaren Füße des Behälters. Hinweis: Das Anfliegen und Befüllen dieser Behälter in einer solchen Lage (Hang, kleine Lichtung) erfordert immer eine Einweisung vom Boden aus und erfahrene Luftfahrzeugbesatzungen. (Foto: Brust, Staatliche Feuerwehrschule Würzburg)

Diesen Ereignissen ist gemeinsam, dass die meisten durch extremes Wetter ausgelöst, mindestens aber verschlimmert werden. Diese Einsatzlagen führen immer zu sehr vielen gleichzeitigen Einsätzen, die schnell in Art und Umfang die Möglichkeiten der örtlichen Kräfte überschreiten können. Gleichzeitig kommt es häufig zu Behinderungen bzw. Blockierungen, Ausfall oder auch kompletten Zerstörungen der Verkehrswege und Infrastruktur durch das bzw. die Ereignisse im Rahmen der Gesamtlage.

Klimatische Veränderung

Im Rahmen der prognostizierten Entwicklung der klimatischen Veränderungen ist zu erwarten, dass in Deutschland derartige Einsatzlagen

- häufiger vorkommen werden,
- sie länger andauern und
- größere Gebiete betreffen können.

Dies zeigten auch die anhaltenden Regenfälle und damit verbundenen großflächigen Überflutungen in Mittel- und Norddeutschland Anfang 2024, während zugleich prognostiziert wird, dass 2024 erneut (die bisherigen) Hitzerekorde brechen wird.

1.2 Luftfahrzeugbetreiber

Deutschland

In Deutschland kommen Luftfahrzeuge von verschiedenen Betreibern und in verschiedensten Baumustern zum Einsatz. Die sich daraus ergebenden Herausforderungen sind in der Einsatzplanung zu beachten! Die Betreiber sind z.B.:

- Verschiedene (Rettungs-)Organisationen und Behörden für den Betrieb von Rettungs-, Intensivtransporthubschraubern und Ambulanzflugzeugen
- Polizeien der Bundesländer[1]
- Bundespolizei
- Bundeswehr
- Feuerwehr und andere Einsatzorganisationen wie THW, Hilfsorganisationen (im Wesentlichen[2] sind das in Deutschland für diese BOS nur einige wenige Flächenflugzeuge zur Luftbeobachtung der Feuerwehr im Sommer in nur wenigen Bundesländern, ansonsten vorwiegend Drohnen)
- Private und gewerbliche Anbieter

Abb. 12: Landespolizei NRW bei einer Übung zur Löschwasseraufnahme mit einem Bambi-Bucket an einem Hubschrauber des Typs AIRBUS H 145. (Foto: Manuel Deussen, Erftstadt)

Abb. 13: Landespolizei Niedersachsen mit einem Hubschrauber des Typs AIRBUS EC 135 zur Unterstützung im Harz in Sachsen-Anhalt. (Foto: Frank Muhmann, FeuerwehrEinsatz:NRW)

1 Nicht alle Bundesländer haben (eigene) Hubschrauber(staffeln)!

2 Stand 2023 und 2024 waren bzw. sind 2 Löschflugzeuge aus dem RescEU-Programm in Niedersachsen stationiert. Der Landkreis Harz verfügt seit 2023 in den Sommermonaten ebenfalls über ein angemietetes Löschflugzeug.

Abb. 14: Bundespolizei mit einer AIRBUS EC 155 bei der Wasseraufnahme für den Löscheinsatz im Harz (Foto: Frank Muhmann, FeuerwehrEinsatz:NRW)

Abb. 15: Die Bundeswehr mit einer CH 53 und einem Außenlastbehälter des Typs Smokey I (5.000 l) bei einer Übung. (Foto: Staatliche Feuerwehrschule Würzburg)

Abb. 16: Der gleiche Hubschrauber- und Behältertyp ist auch im Einsatz, hier im Harz, ein mächtiges Instrument. Allerdings braucht er seinen Raum, schon weil seine Triebwerke eine Wirbelschleppe hinter sich herziehen, die andere Luftfahrzeuge in Gefahr bringen kann. (Foto: @fire)

Abb. 17: Private Hubschrauber werden sowohl im Ausland (hier bei einer Übung in Tolmezzo, Italien), wie auch in Deutschland genutzt. (Foto: Dr. Cimolino)

Europa

Aus Europa oder anderen Ländern können unterstützend ebenfalls verschiedenste Luftfahrzeuge hinzukommen. Diese können sein:

- Zivile oder militärische Maschinen (bisher ausschließlich Hubschrauber) aus den unmittelbaren Nachbarländern über bilaterale Absprachen, Vereinbarungen oder direkten Anforderungen im oder aus dem Einsatz,
- v.a. militärische Maschinen (bisher ausschließlich Hubschrauber) von in Deutschland stationierten Streitkräften (z.B. der USA),
- Einheiten aus dem EU-Gemeinschafts- bzw. Katastrophenschutzverfahren (das wären z.B. Einheiten wie die FFFP (Aerial Forest Fire Fighting module using Planes), oder FFFH (Aerial Forest Fire Fighting module using Helicopters) (vgl. CIMOLINO, 2019 und Kap. 1.3).
- Einheiten der RescEU(-Reserve). Über das seit 2019 anlaufende rescEU-Projekt wurden offenbar auch andere Einheitengrößen definiert, als bisher für das KatS-Verfahren beschrieben waren. So besteht z.B. eine Hubschraubereinheit für rescEU aus nur einem Hubschrauber mit geringeren Zusatzanforderungen, während für die FFFH aus den bisher bekannten Modulen je 3 Hubschrauber gefordert werden. Für den Anfang des rescEU-Programms im Mai 2019 meldete die EU eine Flotte aus zwei Luftfahrzeugen aus Kroatien, einem Luftfahrzeug aus Frankreich, zwei Luftfahrzeugen aus Italien, zwei Luftfahrzeugen aus Spanien und sechs Hubschraubern aus Schweden (vgl. EU, 2019 und Kap. 1.3.4).

1.3 EU-Gemeinschaftsverfahren sowie erweiterte Unterstützungsmaßnahmen

Aufgrund der Besonderheiten wird auf das EU-Gemeinschafts- bzw. Katastrophenschutzverfahren hier besonders eingegangen. Ausführlich (vgl. CIMOLINO, 2019).

1.3.1 Basis des EU-Gemeinschaftsverfahrens

EU-Gemeinschaftsverfahren

Die EU hat bereits in den 1980er Jahren begonnen, die Zusammenarbeit auch bei Großschadensfällen zu intensivieren. Daraus entstand dann ab Anfang der 2000er Jahre durch Zusammenarbeit der EU-Innenminister der einzelnen Staaten das EU-Gemeinschaftsverfahren zur Verstärkung der Zusammenarbeit bei Katastropheneinsätzen, ab 2007 verkürzt „Gemeinschaftsverfahren für den Katastrophenschutz" genannt – und oft auch schlicht als „Mechanismus" abgekürzt.

Dieser Mechanismus enthält verschiedene Module für unterschiedlichste Aufgaben. Einheiten aus dem Mechanismus bzw. komplette Module daraus waren in den letzten Jahren mehrfach staatenübergreifend im Einsatz. Einige Einsätze erfolgten auf Hilfeersuchen auch in außereuropäischen Ländern, so z.B. im März 2011 zur Hilfe nach einem Erdbeben in Japan.

Einige dieser vorgeplanten und beschriebenen Module sind speziell für die Vegetationsbrandbekämpfung aufgestellt, oder können auch für diese mit genutzt werden. Ebenso könnten die primär für die Vegetationsbrandbekämpfung aufgestellten Einheiten, z.B. die Hubschrauber, grundsätzlich auch für andere Verwendungen herangezogen werden.

Module

Derzeit sind für die Vegetationsbrandbekämpfung folgende Module geeignet:

- GFFF-V: Ground Forest Fire Fighting using Vehicles (Waldbrandbekämpfung am Boden unter Verwendung von Fahrzeugen)
- GFFF: Ground Forest Fire Fighting (Waldbrandbekämpfung am Boden)
- FFFP: Aerial Forest Fire Fighting module using Planes (Löschflugzeuge)
- FFFH: Aerial Forest Fire Fighting module using Helicopters (Hubschrauber mit Außenlastbehältern)
- HCP: High Capacity Pumping (Hochleistungspumpen)

Natürlich könnten für flächendeckende Großbrandlagen mit umfangreichen Evakuierungen auch noch die Module für die rettungsdienstliche bzw. medizinische Hilfe oder die zur temporären Unterbringung von Personen mit herangezogen werden. Dies soll hier aber nicht weiter betrachtet werden. In den zahlreichen Diskussionen und Medienberichten wird dabei häufig von völlig falschen und stark reduzierten Einheiten ausgegangen, ohne auf die notwendigen speziellen Fähigkeiten und das notwendige Umfeld einzugehen.

Die Basisvorgaben für die Module sind klar durch die Kommission der EU im **DURCHFÜHRUNGSBESCHLUSS DER KOMMISSION 2014/762/EU** zum Katastrophenschutzverfahren der Union (**1313/2013/EU**), dort Artikel 12 (1) definiert. Sie geben u.a. vor, dass sich die entsandten Einheiten selbst versorgen können und alles für den Betrieb notwendige Gerät mitführen müssen. Konkret ist dazu vorgegeben und nachfolgend sinngemäß wiedergegeben:

a) Geeigneten Schutz für das zu erwartende Wetter. (Anmerkung: Das gilt für die Unterbringung in möglicherweisen Zelten ebenso, wie für die mitzuführende Kleidung etc.!)
b) Energie (Strom) und ausreichende Beleuchtung für die Operationsbasis und für die für die Mission notwendige Ausrüstung.
c) Wasch- und Hygieneeinrichtungen für das gesamte Personal des Moduls
d) Verpflegung und Getränke für das gesamte Personal des Moduls
e) Medizinisches oder rettungsdienstliches Personal und Ausrüstung für das gesamte Personal des Moduls
f) Lagerungs- und Wartungsmöglichkeiten für die komplette Ausrüstung
g) Kommunikationsmöglichkeiten mit den Einsatzpartnern, insbesondere für die mit Koordinierungsaufgaben
h) Transportmöglichkeiten vor Ort
i) Logistik, Ausrüstung und Personal, um die Operationsbasis errichten und betreiben und trotzdem sofort in den Einsatz gehen zu können. (D.h. die Logistikeinheit und die Einsatzeinheit sind spätestens an dieser Stelle eindeutig als zwei getrennte, aber zusammenarbeitende Teams zu verstehen!)

Die Basisvorgaben werden im darauffolgenden Artikel 12 (2) in Umfang und Tiefe etwas näher beschrieben.

a) Das gesamte Personal, die Ausrüstung und die Verbrauchsmaterialen für die komplette Einheit müssen garantiert werden.
b) Die Einheit muss alles Notwendige vor Ort für den Einsatz arrangieren können. (D.h. man benötigt in jedem Fall eine gewisse Menge Bargeld und Kreditkarten, um z.B. Einkäufe tätigen zu können oder an normalen Tankstellen tanken zu können.)

c) Die Einheit muss die notwendigen Vorbereitungen treffen können, um auch ein nicht komplett selbst versorgtes Einsatzteam mit Technik und Logistik im Bedarfsfall unterstützen zu können.

Die Zeitvorgaben für die zu garantierende Selbstversorgung werden im darauffolgenden Artikel 12 (3) ergänzt:

a) Über 96 Stunden (!) muss die völlig autarke Versorgung (ab Eintreffen im Schadensgebiet – aber natürlich auch auf dem Weg dahin!) von der Einheit selbst gestellt werden können.
b) Die Einsatzschichten sind in den jeweiligen Modulen vorgegeben. Das bedeutet z.B. für die GFFF-Einheiten: 7 Tage vor Ort

Für die einzelnen Module gibt es dazu im Anhang II der EU-Kommissionsvorgaben, 2014, weitere Vorgaben. (Mit Ausnahme der Luftfahrzeuge gilt bei allen anderen Einheiten Art. 12 (1) **Durchführungsbeschluss 2014/762/EU** zur Autarkie komplett.)

1.3.2 FFFH – Waldbrandbekämpfungseinheit mit Löschhubschraubern

FFFH

Aufgaben:
Beitrag zur Löschung großer Wald- und Vegetationsbrände durch Brandbekämpfung aus der Luft.

Kapazitäten:
Drei Hubschrauber mit einer Kapazität von jeweils 1.000 Liter Löschwasser. Fähigkeit zum Dauereinsatz.

Hauptkomponenten:
Drei Hubschrauber mit Besatzung, um zu gewährleisten, dass mindestens zwei Hubschrauber jederzeit einsatzbereit sind.
Technisches Personal.
4 Löschwasseraußenlastbehälter oder 3 -tanks mit Auslösevorrichtung.
1 Wartungssatz.
1 Ersatzteilsatz.
2 Rettungswinden.
Fernmeldeausrüstung.

Autarkie:
Aus dem Art. 12 (1) **Durchführungsbeschluss 2014/762/EU** (EU-Kommissionsvorgaben, 2014) gelten nur die Buchstaben f und g.

(D.h. diese Einheit muss vor Ort vom Anfordernden versorgt werden!)

Entsendung:
Startbereit spätestens 3 Stunden nach Annahme des Hilfeangebots.

Übersetzt in deutsche Taktik und Technik bedeutet das kurzgefasst:

- 3 Hubschrauber für ALB o.ä. mit je mind. 1.000 l
- Selbstversorgung nur für die Punkte f und g aus Art. 12 **Durchführungsbeschluss** 2014/762/EU. (D.h. für den anfordernden Staat: Der Rest muss gestellt werden!)
- Inkl. Unterstützungseinheiten für
  - 3 Löschwasser-Außenlastbehälter mind. 1.000 l + Reserven (Behälter, Gehänge)
  - Außenlastmöglichkeiten (Netze, Seile etc.)
  - 2 Einsatzkräfte für die Rettung (es ist hier von ausgebildeten Helfern in der Flugzeugbrandbekämpfung, Rettung aus Flugzeugen auszugehen!)
  - Hubschrauberbetrieb (inkl. Wartung, Ersatzteile usw.) an sich, der dann ermöglichen soll, dass mind. 2 Hubschrauber immer in der Luft sein können.
  - Kommunikationsausrüstung (es ist davon auszugehen, dass die Kommunikation Luft-Luft (andere Einheiten!) und Luft-Boden (Einsatzkräfte) damit gemeint sind)

Abb. 18: Ein Hubschrauber ist noch keine FFFH! Aber für eine FFFH ist das nötige Zubehör für die mitgeführten Hubschraubertypen notwendig, das geht von den Außenlastbehältern, über -netze, verschiedene Leinenlängen und das wichtigste an Betriebsmitteln bzw. Ersatzteilen. (Foto: Dr. Cimolino)

Abb. 19: Das Betreiben eines Außenlandeplatzes gehört zu den Aufgaben einer FFFH. (Foto: Dr. Cimolino)

Derzeit kann dies adhoc außer der Bundeswehr und Bundespolizei vermutlich kein deutscher Träger allein leisten.

Mit entsprechender Vorplanung können in Deutschland im Verbund der Organisationen jedoch weitere solche Einheiten aufgestellt werden (vgl. OTTE, 2023).

Dabei ist in jede der genannten Konstellationen zu beachten, dass die Piloten eine entsprechende Ausbildung für die Brandeinsätze bekommen müssen und darüber hinaus entsprechende „Taktische Abwurfkoordinatoren" (TAK) der Feuerwehr eingesetzt werden.

Zusätzlich werden Einheiten zur Unterstützung am Lande- bzw. Lastaufnahmeplatz notwendig sein, die z.B. aus den vorhandenen Flughelfereinheiten gestellt werden könnten (vgl. hierzu z.B. die Strukturen in Bayern, vgl. CIMOLINO, 2019).

1.3.3 FFFP – Waldbrandbekämpfungseinheit mit Löschflugzeugen

FFFP

Aufgaben:
Beitrag zur Löschung großer Wald- und Vegetationsbrände durch Brandbekämpfung aus der Luft.

Kapazitäten:
Zwei Flugzeuge mit einer Kapazität von jeweils mind. 3.000 Liter Löschwasser.
Fähigkeit zum Dauereinsatz.

Hauptkomponenten:
Zwei Flugzeuge mit mindestens 4 Besatzungen.
Technisches Personal.
1 Feld-Wartungssatz.
Fernmeldeausrüstung.

Autarkie:
Aus dem Art. 12 (1) **Durchführungsbeschluss 2014/762/EU** (EU-Kommissionsvorgaben, 2014) gelten nur die Buchstaben f und g. (D.h. diese Einheit muss vor Ort vom Anfordernden versorgt werden!)

Entsendung:
Startbereit spätestens 3 Stunden nach Annahme des Hilfeangebots.

Übersetzt in deutsche Taktik und Technik bedeutet das kurzgefasst:

- 2 Löschflugzeuge mit mind. 3.000 l (aktuell und absehbar bei keinem Betreiber vorhanden!)
- Selbstversorgung nur für die Punkte f und g aus Art. 12. (d.h. für den anfordernden Staat: Der Rest muss gestellt werden!)
- Inkl. Unterstützungseinheiten für
    - 2 Einsatzkräfte für die Rettung (Es ist hier von ausgebildeten Helfern in der Flugzeugbrandbekämpfung, Rettung aus Flugzeugen auszugehen!)
    - Luftfahrzeugbetrieb (inkl. Wartung usw.) an sich, der dann ermöglichen soll, dass tagsüber weitgehend die beiden Löschflugzeuge mit Wechselbesatzungen immer in der Luft sein können.
    - Kommunikationsausrüstung (Es ist davon auszugehen, dass die Kommunikation Luft-Luft (andere Einheiten!) und Luft-Boden (Einsatzkräfte) damit gemeint sind)

Abb. 20: Löschflugzeugstaffel (eine FFFP) des italienischen Zivilschutzes im Einsatz, angefordert über das EU-Gemeinschaftsverfahren aus Deutschland, vom Land Sachsen-Anhalt. (Foto: Frank Muhmann, Feuerwehr-Einsatz:NRW)

1.3.4 RescEU-Programm

Das oben beschriebene EU-Gemeinschaftsverfahren erfordert immer eigene Einheiten der Hilfe stellenden Nationen. Insbesondere kleinere Staaten haben damit erhebliche Probleme, weil nicht genug Reserven da sind, um die ggf. mehrwöchigen Abwesenheiten (Einsatz und notwendig Regenerierung/Reparatur) ausgleichen zu können. Dazu kommt, dass die Finanzierung von speziellen Einheiten (z.B. Luftfahrzeugen) sehr teuer ist und bei anderen Trägern (z.B. Polizei, Militär) deren originäre Aufgaben prioritär sind.

Um dies auszugleichen und einen höheren Anreiz für die Schaffung entsprechender Strukturen zu bieten, hat die EU das RescEU-Programm entworfen (vgl. EU, 2019). Hier können sich Staaten um die Stationierung von Einheiten aus dem Katalog bewerben.

Das RescEU-Programm – andere Bezeichnung RescEU-Reserve – soll insbesondere für Luftfahrzeuge ab 2023 weiter ausgebaut werden (vgl. EU, 2023).

Geringere Anforderungen

Vermutlich damit der Aufwand und damit die Kosten geringer sind, gelten für dieses Programm etwas geringere Anforderungen z.B. an Unterstützungseinheiten wie für die Einheiten aus dem EU-Gemeinschaftsverfahren.

Achtung: Es ist natürlich nicht sinnvoll, ohne Basisunterstützung (Ersatzteile, Wartungsmannschaft, Führung und Unterstützung) in einen Einsatz ins Ausland zu gehen. Dies führt dort auch zu erheblichem Zusatzaufwand, weil diese dann von dort bereitgestellt werden muss. Dies wird mittlerweile auch zwischen den Ländern innerhalb der EU diskutiert (vgl. CTIF, 2023).

1.4 Luftfahrzeugbetrieb im Einsatz

Bundesländer

Schon der Einsatz eines Rettungshubschraubers an kleineren Einsatzstellen wird in den Bundesländern einsatztaktisch, z.B. bei Außenlandungen, unterschiedlich begleitet.

Ferner kommen an den Einsatzstellen in Deutschland zunehmend Drohnen von verschiedenen Betreibern zum Einsatz oder werden auch von den Medien bzw. Privatanwendern zumindest im Umfeld von Einsatzstellen genutzt. Der unkoordinierte und nicht abgesprochene Einsatz von Drohnen stellt eine erhebliche Gefahr für die übrigen Luftfahrzeuge im Einsatz dar.

An größeren Einsatzstellen treffen so unweigerlich Luftfahrzeuge unterschiedlichster Betreiber, unterschiedlichster Typen (Drohnen, Flächenflugzeuge und Hubschrauber) für unterschiedlichste Einsatzaufgaben in Bundesländern mit völlig unterschiedlicher Begleitstruktur dieser Einsätze aufeinander.

Bisher gibt es in Deutschland dazu weder eine einheitliche Einsatztaktik noch eine zentrale Aus- und Fortbildung noch auch nur für alle geltende Kommunikations- oder abgestimmte Flugregelungen (vgl. OTTE, 2023).

DFV

Der Deutsche Feuerwehrverband hat mit seiner Fachempfehlung für den Einsatz von Luftfahrzeugen (vgl. DFV, 2022) zwar einen ersten Rahmen gesteckt. Dieser muss nun mit Leben gefüllt und aus den Einsatzerfahrungen weiterentwickelt werden. Dieses Buch trägt dazu erstmalig im deutschen Sprachraum umfassend bei.

Zur Einsatztaktik beim Luftfahrzeugeinsatz gehört die Auswahl der richtigen Einsatzmöglichkeiten, unter Berücksichtigung der jeweiligen technischen Fähigkeiten der Luftfahrzeuge. Diese werden in den folgenden Kapiteln tiefergehend erläutert.

2 Allgemeines zum Einsatz von Luftfahrzeugen

2.1 Organisation des Einsatzes von Luftfahrzeugen

2.1.1 Aufgaben der Einsatzleitung

Der Einsatzleiter bestimmt die grundsätzliche Struktur und Benennung der Einsatzabschnitte sowie die abschnittsbezogene Einsatzstellenkommunikation für die Einsatzstelle. Es gelten die Grundlagen der FwDV 100 bzw. DV 100 im Katastrophenfall (vgl. GRAEGER, 2003–2009, CIMOLINO, 2010–2022).

Einsatzleitung

Die Einsatzleitung bei Vegetationsbränden liegt zum Beispiel grundsätzlich bei der Feuerwehr. Im Katastrophenfall geht die Einsatzleitung auf die in den Katastrophenschutzgesetzen der Länder definierte Stelle über (zum Beispiel den Landrat). Die taktisch operative Führung von Einheiten im Einsatz sollte jedoch immer von fachkundigen Führungskräften der Feuerwehr, unter Einbeziehung von Fachberatern (z.B. Fachberater Luftfahrzeugeinsatz), erfolgen.

Die fliegerische Verantwortung obliegt immer dem jeweiligen verantwortlichen Luftfahrzeugführer (Pilot in Command = PIC) jeden Luftfahrzeugs.

Konkret bedeutet dies, dass der Einsatzleiter alles fordern, der Pilot den Einsatz aber aus fliegerischen Aspekten ablehnen darf.

Piloten handeln grundsätzlich auf Anweisung der Einsatzleitung der Feuerwehr bzw. nach Absprache mit den bodengebundenen Feuerwehrkräften. Bei Gefahr im Verzuge können die Piloten unaufschiebbare Sofortmaßnahmen durchführen, die unmittelbar im Anschluss der Einsatzleitung mitgeteilt werden. Ebenso leisten die Piloten der Luftfahrzeuge wichtige Erkundungsmaßnahmen, die eine frühe Reaktion auf Lageänderungen möglich machen.

2.1.2 Einsatzabschnitt Luft

EA Luft

Taktische Führung für den Einsatz aus der Luft bedeutet spätestens beim Einsatz mehrerer Luftfahrzeuge einen Einsatzabschnitt (EA) Luft einzurichten!

Als Grundsatz kann hier angenommen werden, dass ein EA Luft eingerichtet werden sollte, wenn mehr als zwei Luftfahrzeuge für mehr als zwei Stunden im gleichen Einsatzraum aktiv sind.

Zur sprachlichen Vereinfachung wird analog zur FE Luftfahrzeugeinsatz (Air Ops) vom EA Luft gesprochen. Gemeint ist damit ein Einsatzabschnitt entsprechend der FwDV 100 bzw. DV 100, dem sämtliche dem Luftfahrzeugeinsatz zugehörigen Einheiten unterstellt sind. Dies betrifft sowohl die Luftfahrzeuge, deren Besatzungen, als auch entsprechendes Führungs- und Unterstützungspersonal am Boden.

Dies ist nicht zu verwechseln mit dem polizeilichen „EA Luft“ im Rahmen der polizeilichen Aufbauorganisation, auch wenn hier die gleichen Begrifflichkeiten verwendet werden.

Die Aufgaben des EA können dabei wie folgt zusammengefasst werden:

- **Rechtzeitige Anforderung** auf Grundlage einer Brandentwicklungsprognose, (zum Beispiel der einfachen taktischen Waldbrandprognose nach CAMPBELL, 2005) der passenden Luftfahrzeuge (vgl. Einteilung der Luftfahrzeuge in Klassen).

- Einsatz der Luftfahrzeuge in der jeweils richtigen Weise (Strategie und Taktik) für z.B.
  - Beobachtung/Erkundung
  - Löschwasserabwürfe
  - Löschwasser-/Geräte-/Lasten-/Personentransport
  - Rettung/Evakuierung
- Ausreichend viele und für den Zweck geeignete Luftfahrzeuge in der Luft (Umlaufzeiten, inklusive Beachtung von Wasserfüllungen am Boden, Tankstopps, gegebenenfalls Crew-Wechsel, Rettung über Winden etc.).
- Planung der Wasseraufnahme, Zugabe von Netzmitteln und zukünftig gegebenenfalls Flammschutzmitteln (sogenannte Retardants) oder Gelbildnern.
- Optimierung der Flugstrecken und Wasseraufnahmestellen, um schnellen Umlauf zu erreichen.
- Gemeinsam mit den Luftfahrzeugbetreibern für die Auswahl sowie den sicheren, effektiven und effizienten Betrieb von Außenlandeplätzen (mit/ohne Betankungsmöglichkeit) zu sorgen.

Bei komplexen bzw. großen Flächenlagen wird die Bildung von Unterabschnitten im EA Luft i.d.R. sinnvoll sein. Die Absprache mit dem Einsatzleiter bzw. den Stab(sbereichen) sowie den Betreibern der Luftfahrzeuge ist zwingend nötig!

Unterabschnitte können z.B. sein:

- Planung des Luftfahrzeugeinsatzes inkl. Wetterbetrachtung dafür,
- (Behelfs-)Landeplatz / bzw. bei mehreren (z.B. ein eigener für Lastenflug) ggf. jeder für sich,
- Abwurfbereiche (z.B. geographische/topographische Aufteilung; oder nach Luftfahrzeugarten wie z.B. Hubschrauber und Flächenflugzeuge),
- von den (Behelfslandeplätze) örtlich meist weiter getrennter Flugplatz mit Tank- und Servicemöglichkeiten (auch zur Wasseraufnahme für Flächenflugzeuge),
- Absetzplätze mit regelmäßiger Belieferung aus der Luft (z.B. in exponierter Lage auf einem Berg),
- Wasseraufnahmeplatz (z.B. Baggersee) mit Wasserrettungskomponente,
- Logistik
- Personal (Organisation ggf. nötiger Spezialisten und Planung der Schichten)

Abb. 21 bis 23: EAL Luft neben der ÖEL (= TEL) mit seiner Führungsausrüstung, hier in AB der SFS-W und des Landkreises Cham beim Einsatz in der Sächsischen Schweiz (in Bayern FLIEGE = fliegerische Einsatzleitung). (Foto: Brust, SFS-Würzburg)

Abb. 24: EAL Luft (Basis ELW 2) mit aufgebaut und unterstützt durch Kräfte von @fire beim Einsatz im Harz. Hier Teambesprechung mit Einsatzkräften von vor Ort und den an den ersten Tagen am Boden koordinierend und praktisch eingesetzten Kräften vom Waldbrandteam, um den Tageserfolg zu besprechen und die Taktik für den Wasserabwurf für den Folgetag festzulegen. (Foto: @fire)

Abb. 25: Nicht immer sind die Feuer offen sichtbar, nachts sieht man allerdings zumindest die offenen Glutbrände wie hier am Brocken bei freier Sicht. (Foto: @fire, in der EAL Luft abfotografiert von der vom ELW aus der gesteuerten Webcam der Würmberg Seilbahn[1])

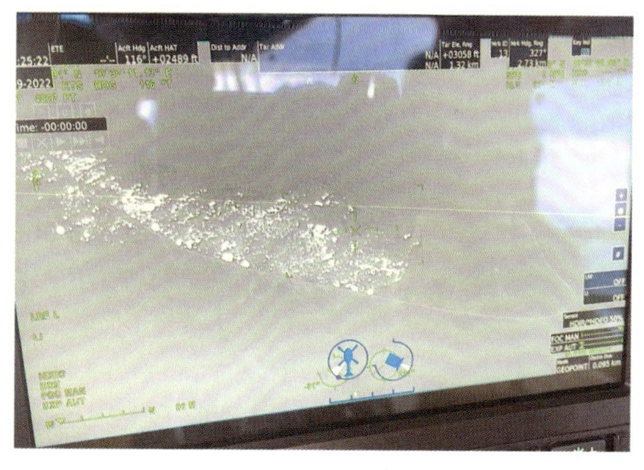

Abb. 26: Sind die Feuer oberflächlich gelöscht, muss eine Nachkontrolle mit Wärmebildern erfolgen. Wärmebild aus dem Koordinationshubschrauber der Landespolizei aus dem Waldbrand im Harz, Flughöhe 5000 Fuß, besetzt mit Luftkoordinator von @fire. Bildübertragung in die EAL Luft. Die Herausforderung besteht hier darin, Glutnester von z.B. heißen Steinen zu unterscheiden. Hierzu bedarf es entsprechender Ausbildung und Erfahrung der Luftkoordinatoren bzw. der unterstützenden Luftbildauswerter. (Foto: @fire)

[1] Der Betreiber schaltete die Webcam am zweiten Einsatztag für die Öffentlichkeit ab und stellte der Einsatzleitung die Webcam zur Steuerung frei zur Verfügung.

Die Vorkonfektionierung der notwendigen luftverlastbaren Ausrüstung

- nach bekannten Inhalten
- in damit definierten Abmessungen und
- bekannten Gewichten

erleichtert und beschleunigt die Luftunterstützung beim Materialtransport.

Flughelferstaffel

Die 17 staatlichen bayerischen Flughelferstaffeln und die SFS-W (=18 insgesamt) sind hier mit identischem Material und gleicher Ausbildung auch im gemischten Einsatz mit Personal aus verschiedenen Standorten gut einsetzbar, wie sie nach ihrer Anforderung in der zweiten Einsatzwoche über viele Tage beim Einsatz in der Sächsischen Schweiz bewiesen haben.

Es muss im Einsatz umgehend eine Unterbrechung des privaten Luftfahrzeugverkehrs (inklusive Drohnen, Drachenfliegern, Fallschirmspringern oder ähnlich) im Einsatz- und allen Lande-, An- und Abflugbereichen erfolgen. Dies erfolgt am einfachsten durch die Anforderung und -verhängung eines Flugbeschränkungsgebietes (ED-R).

Bei größeren bzw. komplexeren (fliegerischen) Lagen kann der Einsatzabschnittsleiter (EAL) Luft in Abstimmung mit dem Einsatzleiter über die Flugsicherung (DFS) ein Flugbeschränkungsgebiet (ED-R) über der Einsatzstelle einrichten lassen.

Hierbei ist zu beachten:

- Die Anforderung erfolgt über die Leitstelle der Feuerwehr zunächst telefonisch und bei längerer Dauer anschließend schriftlich beim zuständigen Wachleiter der Deutschen Flugsicherung (DFS).
- Die Vorlaufzeit wird regelmäßig mit vier Stunden angenommen. Die ED-R wird zwar unverzüglich eingerichtet, jedoch müssen die Luftfahrzeugführer über die „Notices to Airmen“ (NOTAMs) über die Einrichtung in Kenntnis gesetzt werden. Erst dann können sie für Verstöße gegen das Flugbeschränkungsgebiet belangt werden.
- Die Dimensionen (Radius und Höhe) der ED-R können in Absprache mit der DFS durch die anfordernde Stelle festgelegt werden.
- Eine Benennung von Luftfahrzeugen, die dort eingesetzt werden sollen, kann vorab erfolgen. Der Einflug von behördlichen

Luftfahrzeugen aufgrund von Sonderregelungen oder Sonderrechten gem. § 30 LuftVG bleibt hiervon unberührt.

- Die zuständige Landesluftfahrtbehörde bzw. gegebenenfalls die zuständige Polizei verfolgt Verstöße gegen die Bestimmungen zum jeweiligen ED-R.
- Die Information der entsprechenden Luftsportclubs in der Nähe der Einsatzstelle kann hilfreich sein, Überflüge sehr zeitnah zu verhindern. Trotzdem muss mit einzeln fliegenden Hobbypiloten und vor allem im bergigen Gebiet mit Gleitschirmfliegern etc. gerechnet werden.

2.1.3 Behelfs- bzw. Feldlandeplatz

Landeplätze

(Behelfs-/Feld-)Landeplätze sind aktuell regelmäßig die erste Basis für den Einsatz von Hubschraubern im Einsatzgebiet.

Typischerweise liegt der erste so in räumlicher Nähe der Einsatzleitung, dass diese in ihrer Arbeit durch den Fluglärm nicht beeinträchtigt wird (z.B. örtlicher Sportplatz oder größere Freifläche am Ortsrand), aber von den Piloten bzw. Führungskräften am Boden mit Einsatzaufträgen noch zu Fuß erreicht werden kann.

Hier landen die ersten Maschinen, um sich direkt Einsatzaufträge zu holen und erste Absprachen mit der Einsatzleitung zu treffen.

Mit weiterem Ausbau des Behelfs- zum Außenlandeplatz (vgl. Kap. 2.1.4), insbesondere für mehrere Hubschrauber, die Einrichtung eines Lastenaufnahmeplatzes, ggf. mit Betankungsmöglichkeit etc., steigen der Flächenbedarf und die Lärmbelastung. Daher wird hier eine größere Entfernung zum Platz der Einsatzleitung (dann meist schon eine TEL) besser sein. Wenn diese Entwicklung absehbar ist, sollte möglichst früh bereits der bessere Platz ausgewählt und ausgebaut bzw. ausgestattet werden.

Es gibt an den behelfsmäßigen Landeplätzen i.d.R. zumindest anfangs (noch) keine Infrastruktur, selbst ein Windsack ist am Anfang schlicht noch nicht vorhanden. Sobald möglich, sollten allerdings Windsack und Anemometer (Windmessgerät) vor Ort zur Verfügung stehen. Die Einrichtung und der Betrieb des Außenlandeplatzes sollten zukünftig im Vorgriff durch entsprechend ausgebildete Fachgruppen (Flughelfer) der Feuerwehr, des THW oder z.B. @fire erfolgen, so dass der Behelfslandeplatz entbehrlich wird.

Abb. 27: Ein (Behelfs-)Außenlandeplatz verfügt mindestens über eine ausreichend große Fläche und er sollte mit den notwendigen Logistik-, Lösch- und Führungsfahrzeugen anfahrbar sein, um ihn besser nutzbar zu machen. (Foto: Brust, Staatliche Feuerwehrschule Würzburg)

2.1.4 Außenlandeplatz (mit/ohne Betankungsmöglichkeit)

Vor Einrichtung eines Außenlandeplatzes sollte stets geprüft werden, ob sich ein geeigneter Flug- oder Segelflugplatz in der Nähe zum Einsatzraum befindet, da dieser bereits über die meisten Infrastruktureinrichtungen und erforderlichen Freiflächen verfügt.

DGUV Information 214-911

Sollte dies nicht der Fall sein, so ist ein Außenlandeplatz einzurichten. Einzelheiten sind der *DGUV Information 214-911, Kap. 5* zu entnehmen. Ein richtiger Außenlandeplatz verfügt im Gegensatz zum Behelfslandeplatz somit über:

- Basis-Wetterstation mit Windmessgerät und
- Windsack
- Löschfahrzeug(e) entsprechend der Luftfahrzeuge im Betrieb (vgl. Kap. 2.6.1).
- Bei längeren bzw. größeren Einsätzen ist immer eine Betankungsmöglichkeit (mobile Tankfahrzeuge i.d.R. der Bundespolizei oder Bundeswehr, weil kleinere Behälter von z.B. privaten Betreibern den Bedarf nicht decken können)
- Material für den Umweltschutz, z.B. Auffangwannen und Bindemittel im Bereich der Betankungsplätze
- Platz und Ausrüstung für die Führung des EA Luft
- Toiletten (weil es sich hier regelmäßig um längere Einsätze handelt!). Das können mobile Anlagen oder der Zugang zu festen Einrichtungen sein, letzteres erfordert bei der üblichen Lage der (Außen-)Landeplätze meist Transportmöglichkeiten ab verfügbaren Fahrrädern.

- Eine Absperrung gegen unbefugten Zutritt. Hierbei ist sicherzustellen, dass das verwendete Material nicht durch die Einwirkung des Hubschraubers zerstört wird. Stabile Leinen mit entsprechender Verankerung sind hier besser geeignet als einfaches Absperrband.
- Ausgebildetes Personal zum Betrieb
- Getrennte Bereiche zur Lastaufnahme sowie zum Landeanflug und auch zum Abstellen/Betanken der Luftfahrzeuge, sofern dies vor Ort möglich ist.

Abb. 28: Wetterstation mit Übertragung in den ELW des EA Luft. (Foto: Dr. Cimolino)

Abb. 29: Windsack im Bereich des Landeplatzes. (Foto: Dr. Cimolino)

Abb. 30: TLF 4000 zur Absicherung des Außenlande- und Betankungsplatzes. (Foto: Dr. Cimolino)

Abb. 31: Tankwagen der Bayerischen Polizei. (Foto: Dr. Cimolino)

Abb. 32: Transporter mit Betriebsstoffen eines privaten Hubschrauberbetreibers, der in Norditalien in die Luftrettung und Brandbekämpfung mit eingebunden ist. (Foto: Dr. Cimolino)

Abb. 33: Eingerichteter Außenlandeplatz mit Landefläche, Tankfahrzeugen, Löschfahrzeugen, Führung dieses Unterabschnittes und Toiletten sowie Fahrzeuge der verschiedenen beteiligten Einsatzorganisationen. (Foto: Brust, Staatliche Feuerwehrschule Würzburg)

Abb. 34: Wer welche Aufgaben in einem solchen Außenlandeplatz dann konkret übernimmt, muss im Zweifel insbesondere beim Einsatz gemischter Hubschraubertypen, verschiedener Betreiber, notfalls vor Ort bestimmt und eingeteilt werden. Hier übernimmt die Polizei Aufgaben, die in Bayern z.B. die Flughelferstaffeln der Feuerwehr für alle Hubschraubertypen übernehmen. (Foto: Frank Muhmann, FeuerwehrEinsatz:NRW)

Abb. 35: Flughelfer aus den 18 bayerischen Flughelferstaffeln üben seit vielen Jahren mit verschiedenen Hubschraubertypen aller öffentlichen und privaten Betreiber mit allen verfügbaren Varianten von Außenlasten und Transportmöglichkeiten. Sie setzen diese Kenntnisse aus Übungen (wie hier 2009 bei Bad Reichenhall) mit großem Erfolg seit vielen Jahren auch im Einsatz ein. (Foto: Cimolino)

Abb. 36 und 37: Vorgepackte, vorkonfektionierte Ausrüstung, fertig zum Verfliegen in unwegsames Gebiet in der Sächsischen Schweiz. (Fotos: Brust, Staatliche Feuerwehrschule Würzburg)

Abb. 38: Für den Transport nicht vorkonfektionierter Ausrüstung gelten besondere Anforderungen (z.B. verlustsichere Verpackung, Gewichte usw.). Entsprechend zugelassene und geprüfte Lastnetze gehören dazu. (Foto: @fire)

Kennzeichnung

Eine Kennzeichnung der Landeplätze bzw. der Abstellplätze mit ausreichendem Sicherheitsabstand, z.B. durch Kennzeichnungsplanen oder Markierungsfarbe, ist sinnvoll zur Organisation an Außenlandeplätzen.

2.1.5 Wasseraufnahmestellen und deren Absicherung

Wasseraufnahmestellen müssen auf ihre Eignung (bester An- und Abflug, Hindernisse im An- und Abflugbereich, nötige Gewässertiefe, Hindernisse unter Wasser, Schiffs-, Bootsverkehr und Schwimmer, Windrichtung vor Ort etc.) bezüglich der dort aufnehmenden Luftfahrzeuge erkundet und abgesichert werden (gegen Personen in z.B. Sportbooten, SUPs, Kanus, Schlauchbooten, etc.), spätestens wenn sie häufiger genutzt werden. Darüber hinaus besteht stets das Risiko, dass ein Luftfahrzeug beim Anflug, bei der Wasseraufnahme oder im Abflug verunfallt und die Besatzung sowie die an Bord befindlichen Passagiere ggf. aus dem Wasser gerettet werden müssen.

Hubschrauber

Hubschrauber kommen im Verhältnis zu Flächenflugzeugen bei der direkten Wasseraufnahme[1] aus Gewässern mit wesentlich kleineren Wasserflächen aus. Auch sind die Anforderungen an die von Hindernissen freien An- und Abflugbereiche deutlich geringer.

[1] Für Flächenflugzeuge lautet hier der Fachbegriff „Scooping“.

Im Abflugbereich von der Wasseraufnahmestelle sollten geeignete Notlandeflächen verfügbar sein und bekannt gegeben werden, falls es im Rahmen der Wasseraufnahme zu (technischen) Störungen kommt, die eine Sicherheits- oder Notlandung erforderlich machen.

Es ist darauf zu achten, dass die Gewässer nicht verunreinigt werden können. Ein Trinkwasserspeicher eignet sich primär nicht als direkte Wasserentnahmestelle, da durch technische Defekte oder Notfälle eine Verunreinigung stattfinden kann.

Stehen keine geeigneten Alternativen zur Verfügung, muss mit den zuständigen Behörden über Lösungen nachgedacht werden. Eine bewährte Lösung für den Hubschrauberbetrieb ist hier z.B. das Fördern von Wasser aus dem Trinkwasserspeicher mit Pumpen der Feuerwehr in einen, etwas abseits vom Trinkwasserspeicher aufgestellten großen (Falt-) Behälter (vgl. Abb. 39 oder 94). Aus dem Behälter kann dann ohne Gefährdung des Trinkwassers mit dem Hubschrauber Wasser mit einem Außenlastbehälter aufgenommen werden.

Abb. 39: Flexibler Wasserbehälter zur Wasseraufnahme, fester Behälter siehe Abb. 99 und 100. (Foto: PolHuSt Brandenburg)

Bei der Auswahl der Wasserentnahmestellen ist auch auf Hindernisse zu achten, die sich im ersten Moment evtl. nicht erschließen:

Abb. 40: Die einfachste Absicherung ist ein Einsatzfahrzeug mit Funk, um Probleme zumindest erkennen und Hilfe anfordern zu können. (Foto: Frank Muhmann, FeuerwehrEinsatz:NRW)

Abb. 41: Eine erweiterte Absicherung der Wasseraufnahmestelle ist ein Rettungsboot mit mindestens Rettungsschwimmern, ggf. sogar verfügbare Einsatztaucher mit an die Wassertemperatur angepassten Anzügen. Dies ist insbesondere dann wichtig, wenn die Wasseraufnahmestelle höher liegt und die Gefahr besteht, dass der Hubschrauber damit nicht mehr steigen kann, aber die Entleerung nicht mehr funktioniert oder der Behälter sich an Hindernissen unter Wasser verhakt hat. (Foto: Dr. Cimolino)

Scooper, wie z.B. der Löschflugzeugtyp Canadair CL-415 oder die FireBoss[1] (vgl. Abb. 42 und 43) benötigen einen hindernisfreien An- und Abflugbereich vor und nach der freizuhaltenden Wasserfläche.

Die Canadair CL 415EAF benötigt (vgl. VIKING, 2022) zur Füllung von knapp 5.500 l Wasser in ca. 12 s bei 130 km/h (70 kn) unter folgenden Idealbedingungen z.B.

- eine freie Wasserfläche von mind. 90 m Breite (300 Fuß),
- mit mind. 2 Meter (6,5 Fuß) Tiefe
- mit einer Länge für das Scooping bzw. Skimming von 410 m (1.350 Fuß)
- mit einer hindernisfreien Gesamtlänge von 1.340 m (4.400 Fuß)
- bei einer Höhe beim An- bzw. Abflug von 15 m (50 Fuß).

Das bedeutet, höhere Hindernisse müssen ausgeschlossen werden, dies gilt z.B. für:

- Gebäude
- Brücken
- Oberleitungen
- (Segel-)Boote/Schiffe mit Aufbauten bzw. Masten

[1] Das ist der AirTractor mit Schwimmkufen und Radfahrgestell.

Je nach Wind und Wellengang muss sorgfältiger an- und abgeflogen bzw. das Scooping durchgeführt werden, dann benötigt das Flugzeug noch mehr freie Fläche.

Am Schluss ergibt sich damit praktisch ein ca. 2–3 km von höheren Objekten freier Flugbereich, wovon mind. 1 km, besser 2 km über Wasser bzw. ebenem Gelände sein sollten.

Andere Flugzeugtypen bzw. andere Ausführungen des gleichen Typs unterscheiden sich davon. Daher muss dies immer mit den Piloten abgesprochen werden.

Abb. 42 und 43: Die benötigten freien Wasserflächen für Scooper sind viel größer. Auch der An- und Abflugbereich muss jeweils frei seien. Hier eine italienische Canadair bei der Wasseraufnahme am knapp 50 km vom Einsatzgebiet im Harz um den Brocken entfernten und dafür jeden Tag gesperrten Concordiasee im September 2022. (Fotos: Frank Muhmann, FeuerwehrEinsatz:NRW und Dr. Cimolino)

Abb. 44: Die Wasserflächen für die Wasseraufnahme und den ggf. Notabwurf sollten frei von anderen Nutzern sein. Nur wenn die Flächen groß genug sind und klare Sicht herrscht, kann der Luftfahrzeugführer hier ggf. davon abweichen. Hier ist ausreichend Platz zu den Schwimmern. (Foto: Manuel Deussen, Erfstadt, Polizei NRW)

Die Erkundung der Wasseraufnahmeflächen (und möglicher Alternativen) inkl. möglicher Gefahren und Besonderheiten (wie bekannte Unterwasserhindernisse in bestimmten Bereichen) sollte klar und deutlich verschriftlicht und am besten in Karten bzw. Luftbilder eingezeichnet werden.

Abb. 45 und 46: In Fotos eingezeichnete Gefahren um Wasserentnahmestellen (z.B. Autobahn, Campingplatz, Hochspannungsleitungen). (Foto: Otte)

Dies erleichtert die Einweisung weiterer Luftfahrzeugführer bzw. von dort unterstützenden bzw. absichernden Einheiten (z.B. Wasserrettung) erheblich.

2.1.6 Flug- oder Segelflugplätze

Segelflugplätze

Segelflugplätze verfügen über ebene und hindernisfreie Grasflächen zur Landung und zur Abstellung von Luftfahrzeugen. Sie können als Ergänzung v.a. zum Füllen der Wassertanks von kleineren und mittleren Flächenflugzeugen sowie zum Auftanken der Luftfahrzeuge mit mobilen Tankwagen oder zum Abstellen in Flugpausen genutzt werden.

Flugplätze

Flugplätze sind im Betrieb luftrechtlich zugelassen und durchorganisiert. Sie verfügen daher über:

- mindestens eine befestigte (i.d.R. betonierte) Landebahn,
- eine Freigabe des Platzes für eine bestimmte maximale Größe von Luftfahrzeugen und
- einen zumindest bei Nutzung besetzten bzw. besetzbaren Tower.

Die Größe bzw. Länge und Tragfähigkeit der Landebahn, die verfügbare Zahl der Stellplätze, die Öffnungs- bzw. Betriebszeiten sowie die Eignung für den Nachtflug unterscheiden die verschiedenen Größen und Arten von Flugplätzen.

Flugplätze werden genutzt zum

- Tanken von Luftfahrzeugen
- zur Wartung und ggf. auch
- der Reparatur der Luftfahrzeuge (am besten in witterungsgeschützten Hallen)
- als Basis sowie zur Übernachtung der Luftfahrzeugbesatzungen
- zur Wasserbetankung für Flächenflugzeuge.

2.1.7 Ausweichlandeplatz

Ausweichlandeplätze

Ein Ausweichlandeplatz ist bei größeren Einsatzgebieten bzw. Einsatzabschnitten immer dann vorab zu erkunden und einzurichten, wenn aufgrund der Einsatzdauer mit technischen Problemen gerechnet werden muss oder sich die Wetterlage auch lokal verändern kann.

Er ist auch dann hilfreich, wenn gleichzeitig sehr viele Luftfahrzeuge eintreffen (ggf. auch solche, die gar nicht angefordert waren), um Luftfahrzeuge zwischenparken zu können. Der Ausweichplatz fungiert dann als Bereitstellungsraum für die Luftfahrzeuge.

Abhängig vom Luftfahrzeugtyp und deren Anzahl muss er entsprechend ausgewählt bzw. dimensioniert sein bzw. sogar über befestigte Landebahnen verfügen (größere Flächenflugzeuge).

Jeder Ausweichlandeplatz sollte mit KFZ inkl. LKW, z.B. Lösch- oder Betankungsfahrzeug, erreichbar und befahrbar[1] sein.

2.1.8 Wetterstationen

Windsack/-stärkenmesser

Steht kein Meteorologe mit entsprechender Ausrüstung bzw. Informationen vor Ort zur Verfügung, sollten gerade Außenlandeplätze und das Einsatzgebiet je über einen Windsack[2], einen Windstärkemesser (Anemometer) o.ä. sowie über ein aktuelles Bild zur Wetterlage, v.a. zum Wind, verfügen. Um diese Daten auch an die Luftfahrzeuge übermitteln zu können, benötigt man die richtige Kommunikationsorganisation und die richtigen Kommunikationsmittel.

Bayerische Feuerwehren

Die bayerischen Feuerwehren üben nach entsprechenden Erfahrungen mittlerweile auch den Aufbau und Betrieb von Außenlandeplätzen zusammen mit verschiedenen Hubschrauberträgern. Dazu gehören einfache stationäre Informationsmittel oder Messgeräte (Windsäcke z.B. am Betankungslandeplatz, i.d.R. befestigter Bereich z.B. auf einer Straße; Wetterstation für die fliegerische Abschnittsleitung am Außenlandeplatz; ggf. noch Handgeräte am Einsatzort). Sie können durch mobile Geräte (z.B. im Einsatzgebiet) ersetzt werden. Natürlich müssen die Anwender in die richtige Handhabung (Aufbau, Betrieb, Weitergabe der Informationen) eingewiesen sein. Heutige Wetterstationen bieten außerdem noch Funktionen zur Anzeige von Wetterentwicklung und (sehr grober) Wettervorhersage für das Einsatzgebiet.

---

1 Bei kleineren Flugplätzen macht es insbesondere beim Einsatz mehrerer Luftfahrzeuge Sinn, trotzdem auch Tankwagen zur Betankung hinzuzuziehen, um einen Stau beim Tanken zu vermeiden.

2 Vereinfacht kann dies im Einsatzgebiet ggf. auch über Fäden bzw. hochgeworfenes Gras o.ä. in Verbindung mit einem Kompass ermittelt werden, wenn dies notwendig erscheint.

FF München

Die Freiwillige Feuerwehr München benutzt Geräte mit folgenden Möglichkeiten (vgl. SALLER, 2013):

„1. Die Wetterstation zeigt einen Temperatur- und einen Luftfeuchtigkeitstrend an (steigend, konstant, fallend).
2. Die Wetterstation plottet auf der Anzeige einen Graphen der relativen Abweichung des Luftdrucks (aktuell, -1h, -3h, -6h, -12h, -24h).
3. Die Wetterstation errechnet auf Basis von Temperatur, Luftfeuchtigkeit und Luftdruckveränderung eine Wettervorhersage (sonnig, bewölkt, regnerisch, verschneit) für die folgenden 12–24 Stunden innerhalb eines Radius von 30–50 km."

Aus den Erfahrungen zahlreicher Übungen und Einsätze der letzten Jahre wurden folgende wichtigen Wetterdaten für die Fliegerei ermittelt (vgl. SALLER, 2013):

- Windrichtung
- Windgeschwindigkeit
- Temperatur
- Luftdruck

Abb. 47: Mobile Wetterstationen (hier von Kestrel) können gerade bei bergiger Topografie vor Ort wertvolle lokale Wetter-Informationen nicht nur für die Einweisung von Luftfahrzeugen liefern. Sie sollten daher mindestens bei den Zugführern der Einheiten im Bereich der Feuerfront verfügbar sein. (Foto: @fire)

Diese werden von Flughelfern bzw. entsprechend ausgebildeten Führungsgehilfen auf einem Whiteboard in der „Fliegerischen Einsatzleitung"[1] notiert und kurze Vermerke im elektronischen Einsatztagebuch aufgenommen. Sicht bzw. Sichtweite und Bewölkung im Flug- und Zielgebiet werden per Augenschein geschätzt

1 Das entspricht einer Abschnittsleitung in anderen Bundesländern, Bayern geht hier mit der „Örtlichen Einsatzleitung" (ÖEL) in der Nomenklatur leider etwas andere Wege.

und den Luftfahrzeugführern im Briefing zu Einsatzbeginn bzw. bei Änderungen über Flugfunk mitgeteilt.

Abb. 48 und 49: Windsack hier bei einer Übung am Lastaufnahmeplatz sowie bei einer anderen Übung ein stationär aufgestelltes Windmessgerät im Bereich der EAL Luft (Fotos: Dr. Cimolino)

Wetterhilfsmeldung

Eine Erfassung und Übermittlung von Wetterdaten ist mittels der sog. „Wetterhilfsmeldung" (vgl. BUNDESAMT FÜR ZIVILSCHUTZ, alte *KatSDV 113, 1985*) möglich (vgl. CIMOLINO, ELH, 2022). Damit wird aber nur ein punktueller Zeitwert an- bzw. weitergegeben. Wichtiger kann eine Betrachtung der Wetterentwicklung sein, hier sind dann automatisch erfasste Messwerte aus Wetterstationen eine große Arbeitserleichterung.

Sinnvolle Informationen für Wetterstationen vor Ort sind:

- Kompass (ohne ihn kann die Windrichtung nicht sinnvoll er- bzw. vermittelt werden!)
- Windrichtungsanzeiger (zusammen mit dem Kompass: „Wind kommt aus …")
- Windstärke in Beaufort oder km/h (vgl. CIMOLINO, ELH, 2022)
- Temperatur
- Luftdruck (damit kann ggf. eine Wetteränderung vorher erkannt werden, Achtung: Kalibrierung vor Ort nötig!)
- Höhe (über Luftdruck, Achtung: Kalibrierung vor Ort nötig!)

Weiterhin sind folgende Daten für den Einsatz in der Vegetationsbrandbekämpfung wichtig, jedoch bedarf es auch entsprechender Experten, die diese Daten dann in die Lagebeurteilung und Ableitung entsprechender Maßnahmen einfließen lassen können:

- Relative Luftfeuchtigkeit
- Taupunkt

Hobby Meteorologe

Steht kein ausgebildeter Meteorologe zur Verfügung, so sind ggf. auch lokal kundige „Hobby-Meteorologen" schon eine große Hilfe. Etwaige Personen sollten im Vorfeld in der Einsatzvorbereitung bereits ermittelt werden.

Es ist darüber hinaus hilfreich, regelmäßig die Wettervorhersage zu überprüfen. Ist das nicht über einen Fachberater „Meteorologie" möglich, kann es zum Aufgabenbereich des S 2 (Lagedarstellung) gehören. Übersichten über verschiedene Web-Anbieter finden sich in Anhang 2 bzw. CIMOLINO, ELH, 2024. Der DWD bietet mit

- dem Waldbrandgefahrenindex (WGI) https://www.dwd.de/DE/leistungen/waldbrandgef/waldbrandgef.html und
- dem Graslandfeuerindex (GLFI) https://www.dwd.de/DE/leistungen/graslandfi/graslandfi.html

wertvolle Hinweise für die Risikolage.

Das Bundesamt für Kartographie und Geodäsie wird künftig mit dem Waldbrandatlas mehrere Quellen vernetzen und für den Einsatz zur Verfügung stehen: https://gdz.bkg.bund.de/index.php/default/waldbrandatlas.html

Als eine weitere Informationsquelle zur aktuellen und zukünftigen Wetterlage bietet sich die Absprache mit den Luftfahrzeugbetreibern bzw. deren rückwärtigen Führungsstellen an. Diese verfügen in der Regel über entsprechende Wetterberater, im Speziellen auch für das Flugwetter.

Die Wettermeldungen sollten in der EAL Luft immer leicht erkennbar z.B. auf einer Magnetwand angeheftet oder auf einem Bildschirm angezeigt werden, um die Einweisung zu erleichtern. Die regelmäßige Wetterbeobachtung gehört hier mit dazu.

Abb. 50: Die Einsatzleitung selbst sollte dies auch tun, um die Ausbreitung und Risiken besser einschätzen zu können. Hier am Beispiel in der EL einer französischen Feuerwehr. (Foto: Dr. Cimolino)

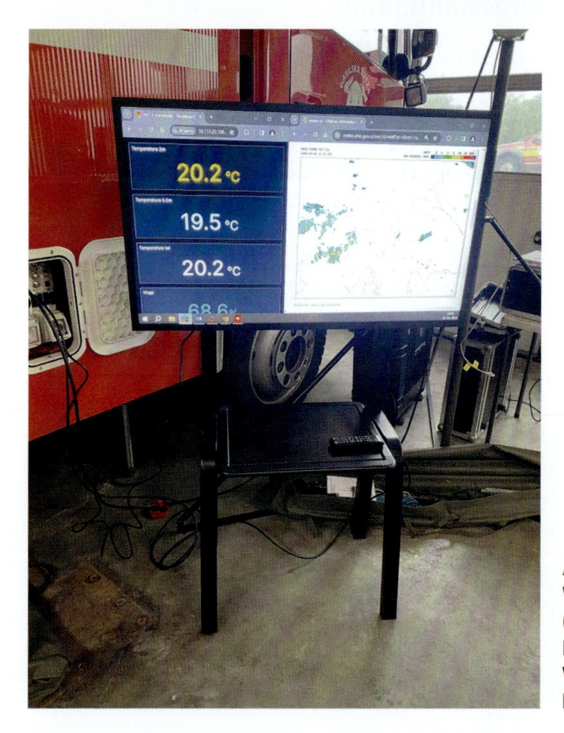

Abb. 51: Darstellung der Wetterlage an einem ELW (2) einer slowenischen Feuerwehr mit häufigen Waldbrandlagen. (Foto: Dr. Cimolino)

2.2 Einweisung der Einheiten

DGUV Information 214-911

Insbesondere für den Einsatz von Luftfahrzeugen ist neben der allgemeinen Einweisung (Auftrag, Landeplatz, Wasserentnahmestelle etc.) auch eine Sicherheitseinweisung (Risiken wie Hochspannungsleitungen, Windenergieanlagen, Seilbahnen etc.) notwendig. Aktuelle und tiefergreifende Informationen sind hierzu in der *DGUV Information 214-911, Kap. 3* zu finden.

Internationaler Sprachgebrauch dafür ist das so genannte „Safety Briefing".

Dies sollte bei kleineren Lagen durch die erstanfliegenden Piloten erfolgen. Bei größeren Lagen muss es dann durch den Einsatzabschnittsleiter Luft in Zusammenarbeit mit den weiteren Einsatzabschnitten und Luftfahrzeugführern fortgeführt werden.

Einheiten am Boden sind über eingesetzte Luftfahrzeuge ebenfalls zu informieren. Dies ist zwingend notwendig für alle Einheiten in den Abwurfbereichen bzw. vorgesehenen Flächen für zum Beispiel Außenlandungen.

2.3 Kartenkunde/Ortsangaben

Die Piloten arbeiten heute durchgehend mit GPS-Koordinaten auf Basis des World Geodetic System 1984 – WGS-84.

Um Fehler zu vermeiden, sollen in der Kommunikation mit den Luftfahrzeugen grundsätzlich WGS-84-Koordinaten verwendet werden. Andere Koordinatenformate, insbesondere UTM, sind vorher umzurechnen.

Beispiel:

UTM: 32U PD 02529 17187

Grad, Minuten und Sekunden (GMS):			
	GPS:	**N 52° 29'709"**	**E 010° 30'615"**
Dezimalgrad (DG):		N 52.49517	E 10.51025

Sofern vereinzelt in einem konkreten Einsatz doch andere Koordinatenformate (insbesondere die dezimale Darstellung aus den gängigen Georeferenzsystemen) verwendet werden, müssen diese alle in diesem Einsatz beteiligten Luftfahrzeuge verwenden können, um Missverständnisse zu vermeiden.

Die Nordrichtung und Einordnung von Karten oder Lageskizzen sind klar zu bestimmen und immer verfügbar zu halten, um auf Lageänderungen (zum Beispiel Wind ändert Richtung und Stärke) eindeutig reagieren zu können.

Apps

Frei verfügbare Apps (z.B. OKU App, Lernbar Bayern) rechnen die Angaben in verschiedene Systeme um und können die Koordinatenangaben aus einem Digitalfunkgerät übersetzen.

Die Benennung der Seiten des Feuers ist eindeutig und in der Regel entsprechend der Ausbreitung beispielsweise nach der Windrichtung vorzunehmen (vgl. Abb. 27).

2.4 Einheitliche Sprache

2.4.1 Grundbegriffe

Im Umgang mit Luftfahrzeugen und Außenlasten sind bestimmte Grundbegriffe erforderlich. Diese ergeben sich aus:

Luftrecht

a) luftrechtlichen Vorgaben
   - **Pilot-in-Command (PIC):** ist der verantwortliche Luftfahrzeugführer
   - **Helicopter-Hoist-Operator (HHO):** ist das für die Außenlast bzw. Windenarbeit verantwortliche Crewmitglied im Hubschrauber
   - **Air-Rescue-Specialist (ARS):** ist der Luftretter an der Winde. Der Begriff ist ein Sammelbegriff und wird durch das Luftrecht nicht weiter differenziert. Es haben sich mittlerweile diverse Fähigkeiten bei den ARS herausgebildet. Welches Fähigkeitsspektrum der ARS abdeckt (z.B. HEMS[1], Bergretter, Strömungsretter, maritimer Luftret-

[1] HEMS = Helicopter (based) Emergency Medical Services

ter) sollte daher vorab festgelegt, entsprechend angefordert und im Einsatz vorgehalten werden.
- **Helicopter-Emergency-Medical-Service (HEMS):** ist das medizinische Crewmitglied in Luftrettungshubschraubern

b) Vorgaben der Unfallversicherer
DGUV Information 214-911 „Sichere Einsätze von Hubschraubern bei der Luftarbeit“ gegeben, die hier auszugsweise dargestellt sind (näheres ist dem Kap. 2 der Vorschrift zu entnehmen):

Unfallversicherer

- **Einsatzleiter (Luftfahrzeugeinsatz):** ist eine Person, die den jeweiligen Arbeitseinsatz leitet. (Hinweis der Verfasser: I.d.R. wird dies im Rahmen der hier betrachteten Fälle dem Einsatzabschnittsleiter Luft entsprechen.)
- **Flughelfer:** ist eine ausgebildete Person mit speziellen Aufgaben an Bord oder am Boden im Rahmen der jeweiligen Arbeitsart der Luftarbeit.
- **Außenstationen:** sind ständige oder zeitlich begrenzte, ortsveränderliche Arbeitsstätten für Arbeitseinsätze, wie z.B.:
  - Außenstart- und Außenlandeplätze
  - Lastaufnahme- und Lastablageplätze
  - Betankungsplätze
  - Notabwurf- und Notlandeplätze

Um darüber hinaus Luftfahrzeuge einsatztaktisch richtig ansprechen und eindeutig einweisen zu können, sind weitere Grundbegriffe nötig:

Grundbegriffe

- **Wasser Marsch:** Befehl zum Öffnen des Außenlastbehälters.
- **Flughöhe:** Höhe des Luftfahrzeugs über Grund
- **Abwurfhöhe:** Höhe des Außenlastbehälters über Grund; Der Unterschied zur Flughöhe ergibt sich aus der Länge des Anschlagmittels.
- **Luftbeobachter (LBO):** Eine speziell ausgebildete Einsatzkraft zur Beobachtung von Risiko- oder Einsatzgebieten aus der Luft, z.B. bei erhöhtem Waldbrandrisiko.
- **Luftkoordinator (LKO):** Eine fachkundige Person zur Koordination der Luftfahrzeuge, insbesondere auch im Hinblick auf die Priorisierung von Einsatzschwerpunkten, z.B. bei der Bekämpfung von Vegetationsbränden. Sie muss also sowohl über ausreichendes fliegerisches und spezifisches feuerwehrtaktisches Wissen für Vegetationsbrände verfügen.

- **Taktischer Abwurfkoordinator (TAK):** Eine speziell ausgebildete Einsatzkraft zur Koordination von z.B. Löschwasserabwürfen vom Boden aus.

Dazu gehört die Beherrschung des internationalen Buchstabieralphabets. Die internationale Flugsprache ist Englisch (vgl. Anhang 7.3).

Die Richtung bzw. Annäherung an Luftfahrzeuge kann mit der Hubschrauberuhr gut beschrieben werden:

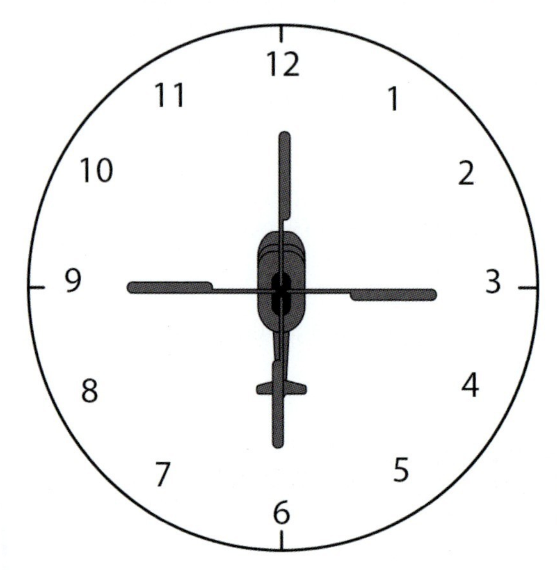

Abb. 52: Hubschrauberuhr (Grafik: ecomed-Storck GmbH)

Kommunikation

Bei der Kommunikation mit dem Luftfahrzeug werden Richtungen somit immer aus Sicht des Luftfahrzeuges und in dessen Flugrichtung angegeben, zum Beispiel vom TAK an den Hubschrauber: „Der nächste Wasserabwurf wird auf Ihrer 2-Uhr-Position in einer Entfernung von 400 m benötigt.“ (Gemeint ist hier dann der Punkt am Boden, wo das Wasser auftreffen soll.)

Auch ein Signalspiegel kann den Piloten helfen, den angesprochenen Abwurfbereich, bzw. den dort befindlichen TAK zu lokalisieren.

Hinweis des Piloten im Autorenteam:
Das Blenden hat sich für diese Anwendung in der Praxis als unproblematisch herausgestellt!

Der Pilot muss dies dann entsprechend seiner Fluggeschwindigkeit und der weiteren Bedingung (Abwurfhöhe, Wind) möglichst gut umsetzen.

Durch den eingesetzten TAK werden die Abwürfe im Anschluss entsprechend bewertet und Korrekturvorschläge übermittelt.

2.4.2 Anatomie von Einsatzgebieten

Zur Kommunikation zwischen den Einheiten, vor allem aber zwischen Boden- und Luft-Einheiten, muss eine gemeinsame Sprache zur Orientierung um das Feuer gesprochen werden.

Basis dafür ist z.B. Ausbreitungsrichtung des Feuers (oder einer Flut), weil sich die Lage im Kartensystem mit geänderten Windrichtungen (oder anderer Topographie) ändern kann!

Weitere Details hierzu finden sich z.B. in der Fachempfehlung Vegetationsbrand (DFV, 2020).

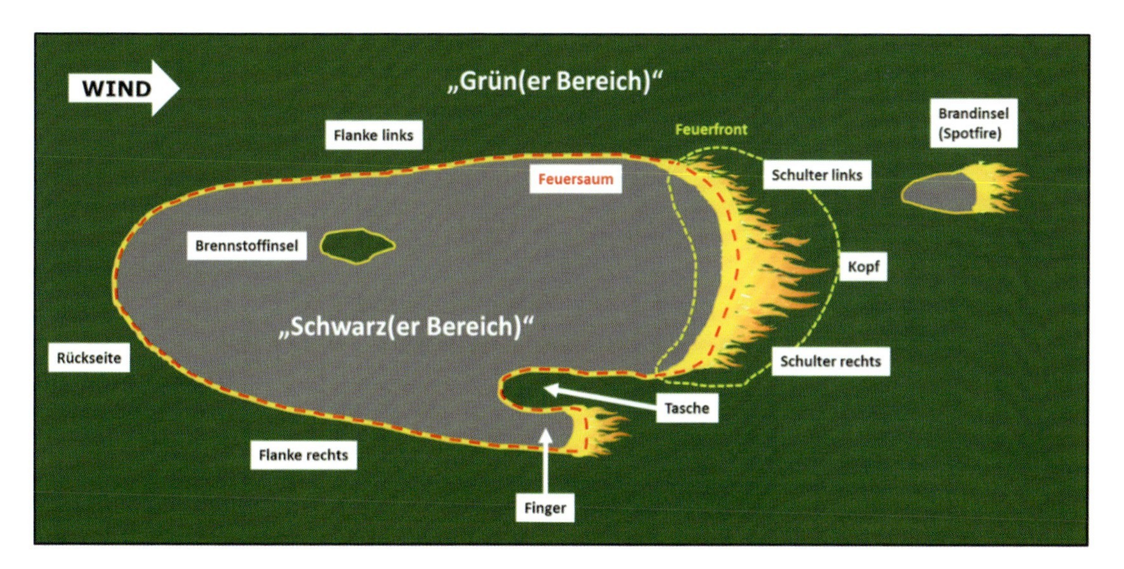

Abb. 53: Standardisierte Benennung der Anatomie von Vegetationsbränden. (Grafik: @fire)

2.5 Kommunikation

Für die Kommunikation stehen grundsätzlich die folgenden technischen Möglichkeiten zur Verfügung, die meist an den jeweiligen Betreiber gebunden sind.

BOS-Funk

Grundsätzlich gilt dabei derzeit, dass der BOS-Funk nur in Luftfahrzeugen der folgenden Behörden sicher zur Verfügung steht:

- Polizeien der Länder
- Bundespolizei
- Rettungs- und Zivilschutzhubschrauber
- SAR-Hubschrauber der Bundeswehr[1]

Grundsätzlich besteht die Möglichkeit, die Besatzung um entsprechend ausgebildetes Personal z.B. der Feuerwehr zu ergänzen, die dann BOS-Funk mit sich führen kann. Digitale Handfunkgeräte mit einem externen Mikrophon und Ohrhörer haben sich hier als geeignete Technik erwiesen. Wichtig ist hierbei, die jeweils gültigen Vorschriften der Luftfahrzeugbetreiber für den Betrieb von Funkgeräten im Luftfahrzeug zu beachten. Ebenso ist dieses Vorgehen im Voraus mit den Besatzungen abzustimmen.

[1] Innerhalb der Bundeswehr gibt es Diskussionen, in der Zukunft auch in weitere Luftfahrzeuge BOS-Funkgeräte einzurüsten oder einrüstbar zu machen.

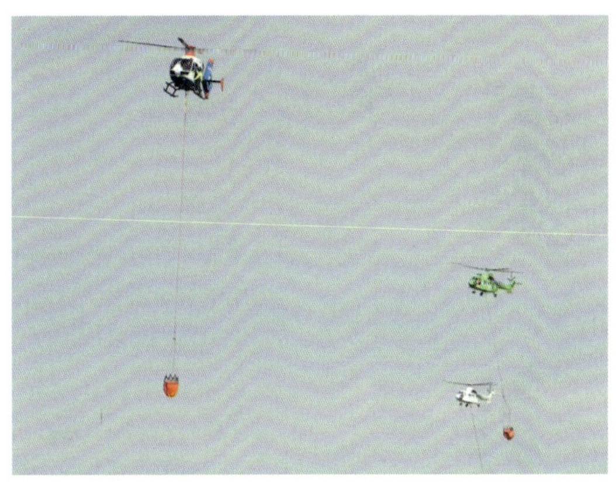

Abb. 54 bis 56: Verschiedene Hubschraubertypen von eher kleineren Varianten, über mittlere Leistungsfähigkeiten bis zum schweren Transporthubschrauber (CH 53) von verschiedenen Trägern bei einer Übung im Landkreis Miesbach (Abb. 54 und 55) sowie beim Einsatz im Harz (Abb. 56). Nur die Hubschrauber der Polizei(en) und der in den Rettungsdienst eingebundenen Maschinen verfügen i.d.R. über BOS-Funk, alle anderen nur über Flugfunk! Dies muss bei der Organisation der Kommunikation zwingend beachtet werden! (Fotos: Dr. Cimolino, Frank Muhmann, FeuerwehrEinsatz:NRW)

Außerdem ist zu beachten, dass der Einsatz von Luftfahrzeugen vor allem erfolgt

- bei dynamischen Schadenslagen mit großflächiger Ausdehnung,
- auf munitionsbelasteten[1] Flächen oder
- in exponierten Einsatzstellen, die sonst nicht oder nicht schnell genug erreichbar wären.

Probleme im Betrieb

Selbst wenn der BOS-Funk in die Luftfahrzeuge eingebaut ist, kann es aus folgenden Gründen zu Problemen im Betrieb kommen:

- Im Einsatzgebiet ist der BOS-Funk grundsätzlich nicht ausreichend in der Fläche ausgebaut, dies ist insbesondere in dünn

[1] Achtung: Hier gilt der Sicherheitsabstand, der von den Kampfmittelentschärfern bestimmt wird auch in die Höhe!

besiedelten, abgelegenen und topographisch anspruchsvollen Gegenden wahrscheinlich.

- Im dünn besiedelten Einsatzgebiet ist der BOS-Funk bei einer Großschadenslage durch zu viele gleichzeitige Nutzer überlastet. (Bandbreiten nicht ausreichend, gilt auch für den Mobilfunk!)
- Die Lage selbst kann die Kommunikation behindern, wenn z.B. durch Starkregen oder dichten Schneefall die Funkwellen beeinträchtigt werden.
- Die Kommunikation im Einsatzgebiet aus technischen Gründen (z.B. Blitzschlag, Überflutung, Stromausfall, Ausfall der Netzverbindung usw.) ausgefallen ist. (vgl. Erfahrungen beim Starkregen 2021, CIMOLINO, 2022).

Dies ist in der Kommunikationsplanung, je nach den beteiligten Einheiten, zwingend zu beachten (vgl. CIMOLINO, 2000–2008).

Im Zweifel sind rechtzeitig geeignete Kommunikationsschnittstellen einzuplanen und zu organisieren.

Im Folgenden werden die Vor- und Nachteile verschiedener möglicher Kommunikationstechnologien sowie deren bevorzugte Nutzung dargestellt.

1. **BOS-Digitalfunk im TMO- (Netz-) oder DMO- (Direkt-) Betrieb:** Der Vorteil des Digitalfunks liegt, neben der angestrebten flächendeckenden Verbreitung bei den Feuerwehren und vielen BOS-Betreibern, in der größeren Reichweite auf Grund des Netzbetriebes. Der Nachteil liegt beim TMO-Modus in den großen Latenzzeiten, die bei sicherheitskritischen Einsprachen (zum Beispiel Höhe der Last über Grund) zu groß sind. Im DMO-Betrieb ist das Latenzzeitenproblem reduziert, sodass der DMO-Betrieb zwar besser geeignet ist als der TMO-Betrieb, jedoch nicht optimal ist. Zusätzlich ist hier die Reichweite in Bodennähe auf wenige Kilometer begrenzt. Bei den Luftfahrzeugen kann die Reichweite allerdings auch viele Kilometer betragen und damit andere Funkkreise stören!
   Private Betreiber verfügen in der Regel nicht über diese Funkgeräte (Anerkennung im Katastrophenschutz nötig) und dürfen sie auch nicht benutzen.
   In überörtlichen Einsätzen über Bundeslandgrenzen hinaus kann es zu Problemen mit den verfügbaren Digitalfunk-Gruppen kommen.

2. **Analoger BOS-Funk:** Dieser ist mit Stand 2024 in den meisten Luftfahrzeugen durch digitalen BOS-Funk abgelöst. Es ist aber zu beachten, dass immer noch nicht bei allen Bodeneinheiten (auch nicht bei allen Führungsfahrzeugen) überall in Deutschland digitaler BOS-Funk zur Verfügung steht.
3. **Flugfunk:** Der Vorteil des Flugfunks liegt in der minimalen Latenzzeit und der generellen Verfügbarkeit in Luftfahrzeugen mit dem Nachteil der geringen Reichweite sowie der noch sehr seltenen Verfügbarkeit bei den Feuerwehren sowie den Voraussetzungen zum Betrieb solcher Funkgeräte, die bei der Bundesnetzagentur registriert und zugelassen sein müssen. Ferner sind beim Betrieb die gesonderten Rechtsvorschriften zu beachten und notwendige Aus- und Fortbildungen durchzuführen.
4. **Betriebsfunk:** Private Luftfahrzeugbetreiber verfügen neben dem Flugfunk i.d.R. über eigenen Betriebsfunk, der eine Kommunikation mit dem Boden erlaubt, sofern dort entsprechende Geräte, zum Beispiel durch Flughelfer der Betreiber, verfügbar sind.

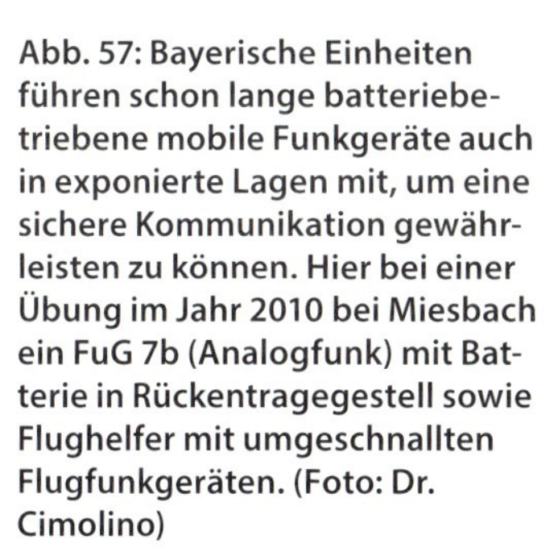

Abb. 57: Bayerische Einheiten führen schon lange batteriebetriebene mobile Funkgeräte auch in exponierte Lagen mit, um eine sichere Kommunikation gewährleisten zu können. Hier bei einer Übung im Jahr 2010 bei Miesbach ein FuG 7b (Analogfunk) mit Batterie in Rückentragegestell sowie Flughelfer mit umgeschnallten Flugfunkgeräten. (Foto: Dr. Cimolino)

Fleetmapping

Die Kommunikation zwischen Luftfahrzeugen und Bodenkräften muss technisch und organisatorisch jederzeit sichergestellt sein. Die nutzbaren bzw. verfügbaren Gruppen im Digitalfunk sollten im Vorfeld festgelegt werden. Das Fleetmapping muss entsprechend angepasst werden. In Bayern stehen für den Einsatz der

Flughelfergruppen zum Beispiel im TMO die Digitalfunkgruppen „Luft Bayern Nord“ und „Luft Bayern Süd“ zur Verfügung. Die Funkgeräte der anderen BOS-Teilnehmer (hier vor allem die Luftfahrzeuge) sollten entsprechend programmiert werden. Ist das nicht möglich, so muss im Digitalfunk auf TBZ Gruppen, auf andere Funkgeräte (zum Beispiel Flugfunk) bzw. Schnittstellen zwischen den beteiligten Organisationen ausgewichen werden.

Zu beachten ist hierbei auch, dass nach Möglichkeit die entsprechenden Funkgruppen auch in den Luftzellen der Funkinfrastruktur versorgt sind, um eine möglichst weitreichende Versorgung der Luftfahrzeuge sicherzustellen.

Flugfunk

Verfügen die Luftfahrzeuge über keine BOS-FuG (wie zum Beispiel der größere Teil der Bundeswehr-Luftfahrzeuge, Luftfahrzeuge privater Betreiber sowie ausländischer Truppen), oder verfügen die Bodenkräfte nicht über Digitalfunk, der mit dem der BOS-Hubschrauber kompatibel (Gruppenbildung) ist, dann sollte auf Flugfunk ausgewichen werden. Dieser muss in dem Fall an der Einsatzstelle auch am Boden verfügbar sein und bedient werden können und dürfen. Ist dies durch die anfordernde Einheit nicht sichergestellt, sollte es über einen Luftfahrzeugbetreiber oder entsprechend ausgebildetes Bodenpersonal sichergestellt werden.

Es kann daher aktuell beim Luftfahrzeugeinsatz noch eine Mehrkanal- bzw. -Gruppenkommunikation mit verschiedenen Funkgeräten bzw. Funkgerätetypen geben. Mit der konzeptionellen Einbindung der Hubschrauber der Landespolizeien sowie der Bundespolizei in die Vegetationsbrandkonzepte der Länder nimmt der Einsatz des Digitalfunks einen immer höheren Stellenwert ein.

Bayern nutzt zusätzlich für die Kommunikation zwischen den Flughelfern Funkgeräte mit PTT[1]-Kommunikation über spezielle Funkgeräte bei den Flughelfern, in der Regel auch mit speziellen Helmen. Werden diese Einheiten in anderen Bundesländern eingesetzt, so ist die Schnittstelle über den Führer der Flughelfereinheit gewährleistet.

Die Vorplanung der Kommunikationswege ist sinnvoll und kann mit den heute meist in den Bundesländern bzw. Feuerwehrschulen vorhandenen tabellenartigen Übersichten einfach vorbereitet und dann im Einsatz leicht ausgefüllt werden (vgl. Anhang 7.2.4).

1 PTT = Push-to-talk

Je weniger Vorplanung vorhanden ist, desto mehr Aufwand ist für die spontane Planung im Einsatz nötig. Hierfür bietet sich die S6-Funktion im Führungsstab an. Es ist empfehlenswert, entsprechende Kommunikations- und Ablaufpläne bereits im Vorfeld festzulegen. Bei der Kommunikationsplanung sollten dabei die folgenden Funkkreise geplant werden:

1. Boden – Luft lokal

Über diesen Kommunikationskreis kommunizieren spezialisierte Einsatzkräfte am Boden (z.B. Flughelfer bzw. TAK) mit dem Luftfahrzeug (Pilot oder Bordtechniker) zur finalen Einsprache (z.B. der Lastaufnahme bzw. -abgabe oder des Löschwasserabwurfs). Die Nutzung von Flugfunk ist hier am sinnvollsten, weil damit alle Luftfahrzeuge erreicht werden können.

2. Boden – Luft global

Über diesen Funkkreis werden zur Entlastung des Boden-Luft lokal taktische Befehle an die Luftfahrzeuge übermittelt. Dazu sollte eine erste Netzbetriebsgruppe TMO 1 verwendet werden.

3. Boden – Boden global

Dieser Kommunikationskreis dient zur Kommunikation der Bodenkräfte im EA Luft, z.B. EAL ←→ TAK. Dazu sollte eine zweite Netzbetriebsgruppe TMO 2 verwendet werden.

4. Boden – Boden lokal

Zur Kommunikation der Bodenkräfte an einem Landeplatz bietet sich die Nutzung einer DMO-Gruppe an, falls sonst TMO 2 überlastet wird.

5. Luft – Luft

Über eine zweite Flugfunkfrequenz kommunizieren die Luftfahrzeuge untereinander, um notwendige Absprachen in der Luft treffen zu können.

Auf diese Art werden die Vorteile der jeweiligen Technologien bestmöglich genutzt und eine Überlastung insbesondere der Luftfahrzeugbesatzungen wird vermieden.

Zur Nutzung des Flugfunks schreibt die entsprechende Verordnung zunächst einmal ein gültiges Flugfunkzeugnis vor, wobei auch gewisse Ausnahmen definiert sind. Diese beinhalten derzeit jedoch nicht explizit die hier diskutierten Anwendungsfälle. Eine klare juristische Regelung wäre in der Zukunft hier sehr wünschenswert.

Unabhängig von der verwendeten Kommunikationstechnologie (Flugfunk, Digitalfunk, ...) hat sich aus der Erfahrung heraus gezeigt, dass bei der Kommunikation mit Luftfahrzeugen folgende Grundsätze eingehalten werden sollten, um einen sicheren, effektiven und effizienten Flugbetrieb sicherzustellen.

1. Nutzung technisch kompatibler Geräte: Es ist sicherzustellen, dass die genutzten Funkgeräte dem aktuellen Stand der Technik entsprechen.
2. Kommunikation auf einer separaten Frequenz bzw. Gruppe, z.B. einer eigenen Company-Frequenz oder Digitalfunkgruppe.
3. Vorherige Ausbildung der Bodenkräfte in den notwendigen Themengebieten des Funkverkehrs mit Luftfahrzeugen und der Tätigkeiten als Bodenkraft im Luftfahrzeugeinsatz.
4. Ausbildung der Bodenkräfte in den entsprechenden Tätigkeiten als Flughelfer oder TAK (vgl. SCHMID, 2023). Dies ist notwendig, um über die notwendigen Kenntnisse zum jeweiligen Einsatzzweck des Luftfahrzeuges (Brandbekämpfung, Lastarbeit) zu verfügen.

Tätigkeiten zur Koordination des Luftverkehrs im luftfahrtrechtlichen Sinne, insbesondere durch den EA Luft, sollten ebenso unabhängig von der genutzten Technik (Flugfunk, BOS-Digitalfunk, ...) nur von Personen mit entsprechender Ausbildung (Piloten, Flugleiter, Fluglotsen, ...) durchgeführt werden. Hier bietet es sich auch an, entsprechendes Personal der Luftfahrzeugbetreiber, insbesondere auch der Landes- oder Bundespolizei, einzusetzen.

2.6 Sichere Zusammenarbeit im Einsatz: Luft – Boden

2.6.1 Sicherer Flugbetrieb am Boden

Im Gegensatz zum Betrieb auf Flughäfen steht im Gelände keine Infrastruktur zur Verfügung, dafür können zum Beispiel herumliegende lose Gegenstände (Tüten, Planen, Äste) landende bzw. startende Luftfahrzeuge oder auch Einsatzkräfte am Boden gefährden.

Betrieb von Außenlandeplätzen

Für den Betrieb von Außenlandeplätzen stellt die Einsatzleitung bzw. Einsatzabschnittsleitung in Anlehnung *an DGUV-Information 214-911* daher Folgendes sicher:

- Lande- und Startbereiche von Luftfahrzeugen sind freizuhalten und möglichst gegen unbefugtes Betreten zu sichern.
- Für das Annähern an die Luftfahrzeuge sind Sicherheitsbereiche sowie eindeutige Verfahren mit den Piloten zu vereinbaren.
- Loses Material ist zu beseitigen oder zu befestigen, um die Luftfahrzeuge und Bodenkräfte nicht zu gefährden.
- Staubiger Untergrund ist zu vermeiden, zu beseitigen bzw. mit Wasser zu benetzen.
- Die Aufsetzfläche muss möglichst eben sein.
- Sie sind ausreichend weit von Wohnbebauung und anderen Hindernissen (Brücken, Freileitungen) zu legen.
- Es soll eine gut erkennbare Einrichtung zur Erkennung der Windrichtung angebracht werden, z.B. Windsack auf Stange (vgl. Abb. 48).
- Ein absolutes Rauchverbot ist zu verhängen und durchzusetzen.
- Zum Eigenschutz ist geeigneter Brandschutz sowie ausreichend Ausrüstung zur Ersten Hilfe vor Ort bereitzustellen. Die entsprechenden Einsatzkräfte müssen dafür in der Regel über PSA 14 nach *DGUV Information 205-016* (Überbekleidung für den Innenangriff) verfügen können. Nachfolgend ist beispielhaft angegeben, wie dies auch im Einsatzgebiet leicht und mit genormten Fahrzeugen der Feuerwehren umsetzbar ist.

Hinweis: Die sinnvolle Ausrüstung zur Brandbekämpfung bzw. technischen Hilfeleistung richtet sich nach den eingesetzten bzw. landenden Luftfahrzeugen[1]. In der folgenden Tabelle 1 sind bezogen auf die Hubschrauberkategorie (bzw. -klasse) nach ICAO[2] beispielhaft sinnvolle genormte Fahrzeuge angegeben, die den ICAO-Richtwerten grob entsprechen.

1 Bisher sind das hier in Deutschland immer Hubschrauber, weil nur diese an Außenlandeplätzen landen bzw. starten werden.

2 ICAO = International Civil Aviation Organisation – Internationale Zivilluftfahrtorganisation. Ihre Regularien gelten bis heute und finden sich i.d.R. in den derzeit gültigen EU-Vorschriften sowie nationalen Gesetzen und Verordnungen wieder.

Natürlich ist dazu auch eine Hilfeleistungskomponente – zum Beispiel ein HLF – sinnvoll.

Soweit nur einzelne Landungen – und diese auch noch an verschiedenen Stellen – im Einsatzgebiet geplant sind bzw. durchgeführt werden, um zum Beispiel einen Luftbeobachter aufzunehmen, handelt es sich nicht um geplante Außenlandeplätze.

Tabelle 1: Übersicht über Hubschraubertypen auf Außenlandeplätzen und vorgeschlagene Löschmittelvorhaltung basierend auf Normfahrzeugen angenähert an ICAO-Empfehlungen. (Tabelle: Dr. Cimolino)

Kategorie nach ICAO[1]	Bemerkung	Löschmittelvorhaltung
H1 (klein)	Einzeln landende, kleine Hubschrauber[2]	≥ 2.500 l Wasser, Möglichkeit Schaum mit mind. 250 L/min abgeben zu können (z.B. S4-Schaumrohr); P 50[3] oder ähnlich sollte vorhanden sein. Z.B. HLF 10 und TLF 2000
H2 (mittel)	Einzeln landende, mittlere Hubschraubertypen oder mehrere kleinere in gleichzeitigen Operationen	≥ 4.000 l Wasser, Möglichkeit Schaum mit mind. 500 l/min (z.B. Schaumwasserwerfer) abgeben zu können; P 50 oder ähnlich sollte vorhanden sein. Z.B. HLF 10 und (P)TLF 4000
H3 (groß)	Einzeln landende, große Hubschraubertypen oder mehrere mittlere in gleichzeitigen Operationen	≥ 8.000 l Wasser, Möglichkeit Schaum mit mind. 500 l/min (z.B. Schaumwasserwerfer) abgeben zu können; P 50 oder ähnlich sollte vorhanden sein. Z.B. HLF 20 und (P)TLF 4000 und TLF 3000

Gerade bei Schadenslagen mit umfangreichem bzw. längerfristigem Einsatz von Luftfahrzeugen über komplexer Topografie ist es sinnvoll, auch luftverlastbare Technik zur Rettung vorzuhalten, um bei einer Notlandung oder Absturz im Gelände mit Hilfe eines weiteren Hubschraubers unverzüglich reagieren zu können. Hierbei geht es primär darum, eine Crashrettung der Besatzung und

1 Die Bezeichnung und Definition der Kategorien der ICAO zur Löschmittelvorhaltung an Landeplätzen unterscheiden sich diametral von der Einteilung der Hubschrauberklassen, wie sie üblicherweise im internationalen Umfeld bei der Brandbekämpfung aus der Luft verwendet wird (vgl. Kap. 3.2.2). Dies ist zu beachten, damit es nicht zu Verwechslungen kommt.

2 Die Definition der Hubschraubergrößen findet sich im weiteren Verlauf des Dokumentes.

3 Die Kombination mehrerer Pulverlöscher ist hier die schlechtere Lösung, weil deren Wurfweite deutlich geringer ist!

ggf. Passagiere durchführen zu können. Neben Löschgeräten sollten hier mindestens auch am Außenlandeplatz vorhandene Ausrüstung für die THL, z.B. (akkubetriebene) hydraulische Rettungsgeräte und medizinische bzw. rettungsdienstliche Ausrüstung in vor Ort vorhandene Transportboxen verladen werden können. Besser ist es, wenn bei längeren Einsätzen diese Crash-Rescue-Boxen bereits fertig beladen bereitstehen.

Lastenaufnahme/
-absetzplätze

Für den Betrieb von **Lastaufnahme und -absetzplätzen stellt die Einsatzleitung** in Anlehnung an *DGUV-Information 214-911* zum Beispiel Folgendes sicher:

- Die ausgewählten Plätze müssen inklusive der notwendigen An- und Abflugbereiche ausreichend groß und frei sein.
- Für das Annähern an und unter die Maschinen sind Sicherheitsbereiche sowie eindeutige Verfahren mit den Piloten zu vereinbaren.
- Der Lastaufnahme und -absetzplatz ist getrennt vom Außenlandeplatz zu gestalten! Ein Mindestabstand ist in Absprache mit den Piloten und in Abhängigkeit von den eingesetzten Luftfahrzeugen zu definieren und im Bedarfsfall anzupassen.
- In der Annahmezone von Lasten soll sich nur entsprechend ausgebildetes, oder eingewiesenes Personal aufhalten.
- Loses Material ist möglichst zu beseitigen oder zu befestigen.
- Staubiger Untergrund ist zu vermeiden.
- Erforderliche Verkehrssicherungsmaßnahmen betroffener öffentlicher Verkehrswegenetze sind zu treffen.

Dies gilt auch für das Absetzen von Lasten über Winde oder Lasthaken mit Seilen.

Bei größeren bzw. komplexeren Einsätzen mit Luftfahrzeugen sind nach Möglichkeit im Vorfeld, spätestens aber im Rahmen der Sicherheitseinweisung der Piloten in Absprache mit den Besatzungen zu definieren:

- Plätze bzw. Zonen für Notabwurf von Außenlasten
- Notlandeplatz (zum Beispiel am Berg) bzw. -möglichkeiten (zum Beispiel in ausgedehnten Waldgebieten)

Notabwurfzone/
-landeplatz

Diese sind in der allgemeinen Einweisung zu besprechen und frei von anderen Einsatzkräften zu halten. Insbesondere den für den vorbereiteten Brand- und Hilfeleistungseinsatz um und in den Außenladeplätzen vorgesehenen bzw. verantwortlichen Einsatzkräften müssen diese Flächen bekannt sein. Notabwurfzonen und

Notlandeplätze müssen aber auch allen anderen Einsatzkräften bekannt gemacht werden. Sie sind auch in den Lagekarten zu vermerken. Bei Lageveränderungen müssen sie ggf. verlegt und die Informationen bzw. Lagekarten entsprechend angepasst werden.

Bei größeren bzw. längeren Einsätzen ist durch den EAL Luft in Absprache mit den Betreibern der Luftfahrzeuge zu überprüfen, ob durch die Einrichtung eines Außenbetankungsplatzes der Flugbetrieb effizienter gestaltet werden kann.

Dies ist immer dann der Fall, wenn der nächste geeignete Flughafen mit regulären Betankungsmöglichkeiten zu weit entfernt ist, um in wenigen Minuten Flugzeit erreicht werden zu können.

Außenbetankungsplatz

Für die Einrichtung eines Außenbetankungsplatzes sollte man Folgendes einhalten:

- Sicherheitsabstand von > 10 m zwischen Bebauung und Tankanlage.
- Sicherheitsabstand > 5 m zwischen Rotoraußenseite oder Heck des Hubschraubers und der Tankanlage.
- Zum Eigenschutz muss geeigneter Brandschutz sowie ausreichend Ausrüstung zur ersten Hilfe vor Ort sein (Hinweis: Ein [Tank-] Löschfahrzeug mit mindestens 4.000 l Wasser und Schaummittel ist dafür ausreichend, ideal ist ein PTLF 4000 oder vergleichbar). Ist der Außenbetankungsplatz identisch bzw. in unmittelbarer Nähe des eingerichteten Außenlandeplatzes, so können die dafür vorgesehenen Löschfahrzeuge mit dafür vorgeplant werden. Der Führer dieser Komponente ist entsprechend zu unterrichten und hat dann für die Begleitung der Feldbetankung zu sorgen. Je nach Untergrund bzw. Erreichbarkeit ist eine ggfls. erforderliche Geländefähig- oder -gängigkeit der Einsatzfahrzeuge vorab zu prüfen und über die Auswahl geeigneter Fahrzeuge abzudecken.
- Auffangbehälter/Tropfmatten sowie Aufnahme- und Bindemöglichkeiten für geringe Mengen Kraftstoff sollen vorhanden sein.

2.6.2 Sicherheit am Boden beim Löscheinsatz aus der Luft

An- und Abflugbereiche mit Außenlastbehältern sollten nicht über bewohntem Gebiet eingerichtet werden, das verringert Risiken und erleichtert Notabwürfe.

Downwash

Insbesondere landende und startende Hubschrauber erzeugen einen kräftigen Luftstrom (Downwash). Dies kann lose Teile aufwirbeln, durch die Luft schleudern und zu Verletzungen oder Schäden am Boden sowie sogar zu Gefährdungen des Hubschraubers führen. Offene Türen (Fahrzeuge) oder Tore (Gebäude) können schlagartig und mit Wucht bewegt werden.

Auch deshalb gelten im unmittelbaren Umfeld der Hubschrauber besondere Hinweise für die PSA (vgl. SCHMID, 2020).

Vor dem Abwurf

Kurz vor dem Abwurf ist der Abwurfbereich grundsätzlich von Menschen zu räumen. Besonders in Waldgebieten muss jederzeit mit folgenden Gefahren durch das abgeworfene Wasser gerechnet werden:

- Astbruch und dadurch umherfliegende Holzsplitter,
- umfallende Bäume (!), v.a. dann, wenn deren Wurzelwerk durch Bodenbrände vorgeschädigt wurde,
- mit dem Wasser in Flüssen oder Seen aufgenommene Steine oder Gegenstände können mit abgeworfen werden,
- Steine können sich aus Felsen lösen,
- herabfallende Steine oder Holzteile können in der Folge am Boden auch noch verspringen – und kommen dann von der Seite.

Sicherheitsabstand

Bei geradem Anflug reicht dafür ein geräumter Bereich von 20 bis 30 m zu beiden Seiten der Flugachse. Im Detail hängt der Sicherheitsabstand ab von:

- Fluggeschwindigkeit (hier vor allem Hubschrauber – Flugzeug)
- gegebenenfalls Kurvenflug, um zum Beispiel am Hang die Abwurfzone noch erreichen zu können
- Behälterart und -öffnung
- Ggf. bestehende Gefahr, Steine o.ä. bei der Löschwasseraufnahme aus seichtem Gewässer mit aufzunehmen.
- Umgebung (Bäume/Äste, die durch den Abwurf brechen können, Steine, die sich an einem Hang lösen können)

Abb. 58: Im August 2022 im Einsatzgebiet Sächsische Schweiz aus einem 2000 Liter Bambi-Bucket von einem NH 90 abgeworfener Stein (aufgenommen aus der Niedrigwasser führenden Elbe), der in der Nähe einer Bodenmannschaft eingeschlagen ist und glücklicherweise niemand verletzt hat, obwohl er mehrfach quer über zig Meter mit wechselnden Richtungen versprungen ist. (Foto: FF Ottendorf)

Einsatzfahrzeuge können einen sicheren Rückzugsort bieten, aber von einem Wasserabwurf aus Luftfahrzeugen schwer beschädigt werden. Bei Abwürfen mittels Außenlastbehälter (ALB) aus Hubschraubern ist die Gefahr eher gering, jedoch insbesondere bei Luftfahrzeugen der großen Kategorien mit Wassermengen von weit über 2.000 l nicht ausgeschlossen.

Es ist in jedem Fall auf herabfallende Äste oder sonstigen Bruch im Wald sowie mit abgeworfenen Festkörpern im Löschwasser zu achten.

Dazu ist das anfliegende Luftfahrzeug von den im Abwurfbereich am Boden eingesetzten Einsatzkräften

- möglichst direkt einzuweisen (über den Taktischen Abwurfkoordinator)
- im Anflug und Abwurf sowie die Effekte im Abwurfbereich zu beobachten.

Nur im absoluten Notfall (letzte Möglichkeit!) darf ein Abwurf („Emergency Drop“) auf oder in unmittelbarer Nähe des Fahrzeuges/der Einheiten erfolgen, um diesen eine letzte Chance zum Rückweichen bzw. Schutz vor Flammen zu ermöglichen.

Nach dem Abwurf

Unmittelbar nach dem Abwurf, oder nach gegebenenfalls mehreren Abwürfen (in Kette, Reihe, oder versetzt), muss der Löschangriff am Boden fortgesetzt werden!

Hierbei kommt dem in der Abwurfzone befindlichen Einweiser am Boden als taktischen Abwurfkoordinator eine weitere wichtige Bedeutung zu, da er weitere Anflüge anfordert und koordiniert, bzw. den Bodenkräften die Freigabe zum Betreten sowie die Aufforderung zum Verlassen der Abwurfzone gibt. Der taktische Abwurfkoordinator (Abwurfbeobachter und -einweiser) muss eine gesicherte und jederzeit funktionierende Funkverbindung zum EAL Luft bzw. LKO haben. Weitere Details hierzu sind im Kap. 3.5.1 zu finden.

2.6.3 Sicherheit durch Kennzeichnung und klare Ansprache

Es vereinfacht den sicheren Betrieb im Einsatz, wenn man die fliegenden Einheiten klar identifizieren und über Funk ansprechen kann.

Möglichkeiten

Dies geht über folgende Möglichkeiten:

- Farbig eindeutig unterschiedene Luftfahrzeuge (funktioniert praktisch nur mit gemischten Einheiten unterschiedlicher Träger)
- Nummerierung der Luftfahrzeuge im Einsatz mit klar erkennbaren Beschriftungen (z.B. Nummern). Achtung: Vorgaben zur Verwendung von Klebebändern o.ä. beachten! Die Piloten müssen ebenfalls wissen, welche Nummer ihr Luftfahrzeug (bekommen) hat.
- Eindeutige Beschriftung der ALB, siehe Bayern. Das kennzeichnet dann aber nur diese ALB – und die Beschriftung von flexiblen Behältern (Bambi-Buckets) ist schwierig und leer nicht zu erkennen.

Abb. 59: Verschiedenfarbige Luftfahrzeuge in einem Einsatzraum können einfach angesprochen werden, weil davon auszugehen ist, dass alle das erkennen können und die Piloten das auch wissen. (Foto: Frank Muhmann, FeuerwehrEinsatz:NRW)

Abb. 60: Eindeutige Beschriftung bayerischer ALB. Behälter mit 900 l, hier Nr. 2. (Foto: Brust)

2.7 Video-, Bild- und WBK-Daten sowie Geomapping und Live-Lage

Die Verfügbarkeit von diesen Daten ist für die Führung am Boden (den Einsatz- bzw. auch den Abschnittsleiter) sehr wichtig, um die richtigen Entscheidungen treffen zu können.

Polizeihub-schrauber

Bilddaten (die viele Polizeihubschrauber erzeugen können) sollten schnell und einfach zur Verfügung gestellt werden können.

Besondere Absprachen sind mit dem Einsatz von Drohnen (oder Unbemannte Luftfahrtsysteme = ULS bzw. Unmanned Aircraft Vehicles = UAV bzw. Unmanned Aircraft System = UAS) auch der Feuerwehr – verbunden, wenn andere Luftfahrzeuge in dem Bereich sind.

Drohnen sind derzeit im direkten, zeitgleichen Einsatzbereich bei Flugbetrieb anderer Luftfahrzeuge auch für die Feuerwehr (oder andere) nicht zulässig! Es ist also eine ausreichend räumliche und/ oder zeitliche Separierung von bemannten und unbemannten Luftfahrzeugen sicherzustellen. Dies ist ebenfalls die Aufgabe der bzw. des EAL Luft.

Drohnen

Drohnen können durch den EAL Luft eingesetzt werden, um zum Beispiel einen Löscheinsatz mittels Wärmebild zu kontrollieren

Abb. 61: Eine mittels Drohnenaufnahmen erstellte aktuelle Lagekarte eines Hochwassereinsatzes, die in ein Einsatzmanagementsystem integriert wurde. (Foto: Otte/TEL Stormarn)

oder Luftbilder zu fertigen, wenn die Luftfahrzeuge zum Beispiel einen Tankstopp einlegen müssen. Auch Drohnen eignen sich zur Anfertigung von aktuellen Lagekarten, wenn sie über Mapping- bzw. LIDAR-Aufnahmefunktionen verfügen. Ebenfalls sei an dieser Stelle das Projekt „Live-Lage“ des Deutschen Zentrums für Luft- und Raumfahrt und der Feuerwehr Duisburg erwähnt, welches zukünftig eine Echtzeitauswertung mittels UAS möglich machen soll (vgl. DLR, 2023).

Datenaustausch

Grundsätzlich ist der Datenaustausch in der Einsatzstelle parallel, z.B. durch den S 6 im Stab, so zu organisieren, dass das Übertragen von Bild- und Video-Daten bzw. Auslesen von Datenträgern und Einspielen in die Datenstruktur des Einsatzes sowie der Einsatzstellendokumentation möglichst einfach möglich wird. Leider gibt es genau dabei bei fast jeder Einsatzstelle in der Praxis immer noch massive Probleme (Datenschutz, gesperrte Zugriffe, nicht nutzbare Ports usw.).

Neben der Erzeugung und Sammlung der Daten ist es essenziell wichtig, diese zu sichten und so aufzubereiten, dass Entscheidungsträger diese effektiv und effizient nutzen können. Bei einem Vegetationsbrand betrifft dies zum Beispiel nicht nur die Erzeugung von Bildern, sondern auch die Extraktion des Feuerperimeters und die Bewertung des Ausbreitungsrisikos in Abhängigkeit von Wind, Sonneneinstrahlung, Topografie und Vegetation. International stehen hierfür sogenannte „Feueranalysten“ bereit, über die in Deutschland nur wenige Organisationen wie z.B. @fire verfügen.

@fire untersucht zusammen mit dem DLR Institut für Optische Sensorsysteme (DLR-OS) im Rahmen des Helmholtz Innovation Lab „OPTSAL“, wie sich die dort vorhandenen Technologien bei Vegetationsbränden einsetzen lassen. Insbesondere geht es hier darum, auch großflächige Vegetationsbrände in nahezu Echtzeit zu kartieren, den aktuellen Feuerperimeter zu extrahieren und mit weiteren Informationen (Wetterdaten, Topografie, Vegetation) zu einer möglichst genauen Prognose der Feuerausbreitung zusammenzuführen.

2.8 Kategorisierung und Einsatzvoraussetzungen der Luftfahrzeuge

Um im Einsatzbetrieb einfacher und klarer planen und kommunizieren zu können, müssen Luftfahrzeuge klar im Einsatzwert erkennbar sein. Dafür werden sie seit langem international kategorisiert.

Die Einteilung in die Kategorien sollte spätestens am Landeplatz erfolgen und dem EAL Luft, bzw. wenn nicht vorhanden, dann der Einsatzleitung mitgeteilt werden.

Eine enge Zusammenarbeit mit den Luftfahrzeugbesatzungen über geeignete Kommunikationswege ist immer notwendig!

Geeignete Kommunikationswege

Ergänzend werden hier die Einsatzvoraussetzungen mit aufgeführt.

2.8.1 Unbemannte Luftfahrtsysteme („Drohnen")

Hinweis:

Der Einsatz von Drohnen ist relativ neu und unterliegt somit einer stetigen Fortentwicklung. Es empfiehlt sich daher, die genannten Punkte stets auf ihre Aktualität zu überprüfen und aktuelle Unterlagen zu verwenden. Für den Einsatz von unbemannten Luftfahrtsystemen wurde die Empfehlung für Gemeinsame Regelungen zum Einsatz von Drohnen im Bevölkerungsschutz (im Folgenden „UAS Einsatzempfehlung" genannt) veröffentlicht (vgl. BBK, 2019[1]).

UAS Einsatzempfehlung

Rechtsgrundlagen für den Betrieb von Unbemannten Luftfahrtsystemen:

- DVO (EU) 2019/947
- DVO (EU) 2019/945,
- Abschnitt 5a der Luftverkehrs-Ordnung (LuftVO), insbesondere § 21k LuftVO für BOS,
- Erlasse und Allgemeinverfügungen für den Betrieb von Bestandsdrohnen als Übergangsregelung.

[1] Auf die geänderte Rechtslage seit der Erscheinung 2019 sei an dieser Stelle hingewiesen. Die Änderungen wurden in den Ausführungen hier im Buch mit Stand 2024 berücksichtigt.

Unbemannte Luftfahrtsysteme können z.B. eingesetzt werden für:

- Waldbrandfrüherkennungs-/Überwachungs-/Beobachtungsflüge
- Erkundung, Luftbildfertigung und Bildübertragung aus der Luft (auch mittels IR-Bild)
- Geomapping und Live-Lage (vgl. Kap. 2.7)
- Suche nach Personen oder Sachen
- Transport kleiner Außenlasten (Medizinprodukte, Verpflegung, Kommunikationsmittel, etc.)
- Dokumentation
- Führungsunterstützung

Abb. 62 und 63: Drohnen werden von immer mehr Einsatzorganisationen bzw. Standorten verwendet. Neben diversen Copter-Lösungen (unterschiedlich viele Tragschrauben) gibt es auch Flächenflieger. (Fotos: Dr. Cimolino und @fire)

Abb. 64: Mit den Drohnen können schnell auch über eine größere Fläche wertvolle Erkundungsergebnisse von oben gewonnen werden. (Foto: FF Wenden)

Über diesen QR-Code ist der Einsatzbericht[1] zum Waldbrand in Wenden-Rothemühle (22.04.2020) abrufbar.

UAS (unmanned aircraft system) bzw. UAV (unmanned aircraft vehicle) werden heute umfassend genutzt von

- privaten Nutzern, eine Nutzung durch die Einsatzkräfte ist über die einschlägigen gesetzlichen Regeln zur Inanspruchnahme Dritter im Einsatz ermöglicht.
- BOS-Organisationen.

UAS gibt es als

- Drehflügler (Arbeiten an einer Stelle ist möglich)
- Flächenflieger
- Senkrechtstartende Flächenflieger

Sobald in einem Einsatzgebiet der Einsatz von bemannten Luftfahrzeugen durchgeführt wird und es keine einheitliche Koordination gibt, sind Drohnen (auch „BOS-Drohnen") sofort zu landen. Ein Weiterbetrieb kann unter einheitlicher Führung und Koordination aller Luftfahrzeuge in einem EA Luft unter Wahrung einer ausreichenden räumlichen und/oder zeitlichen Separierung erfolgen (Punkt 5.3.3, EGRED-2, BBK, 2024)!

Die private Nutzung von Drohnen ist im Umkreis von 100 m um und über Einsatz- sowie Unfallorten gemäß der § 21h III Nr. 11 LuftVO ohne Zustimmung des Einsatzleiters untersagt!

Es empfiehlt sich beim Einsatz bemannter Luftfahrtsysteme dieses Verbot über Medien und Social-Media gesondert zu kommunizieren und gegebenenfalls vor Ort zu überwachen!

---

1 https://www.sauerlandkurier.de/nordrhein-westfalen/waldbrand-wenden-rothemuehle-flammen-30000-quadratmetern-feuerwehr-einsatz-13680264.html

2.8.2 Hubschrauber

Hubschrauber können eingesetzt werden für:

- Waldbrandfrüherkennungs-/Überwachungs-/Beobachtungsflüge
- Erkundung, Luftbildfertigung und Bildübertragung aus der Luft (auch mittels IR-Aufnahmen)
- Geomapping
- Führung von mehreren Luftfahrzeugen im Einsatzgebiet
- Löschen mit Außenlastbehältern
  - Direkter Löscheinsatz
  - Indirekter Löscheinsatz
- Wassertransport im Pufferbehälter zur Unterstützung der direkten oder indirekten Brandbekämpfung am Boden
- Transport von Material
- Transport von Personal
- Transport von Gerät
- Rettung von Verletzten – auch Einsatzkräften aus schwer zugänglichem Gebiet
- Evakuierung – auch von Einsatzkräften aus schwer zugänglichem Gebiet.

Einteilung der Hubschrauber für den Löscheinsatz in Klassen bzw. Typen[1]:

Tabelle 2: Tabelle Hubschraubertypen (Tabelle: Dr. Cimolino)

Typ international	Deutsche Beschreibung	Löschwasser-menge (Liter)	Beispiele[2]
I	Groß	> 2.000	Airbus AS332 SuperPuma Airbus AS330 Puma Airbus AS532 Cougar Kaman K-12 NH 90 Sikorsky S-61 SeaKing (auslaufend) Sikorski S-64 (CH 54) SkyCrane Sikorski S-65 (CH 53) Sikorski S-70 (UH 60) BlackHawk oder FireHawk Airbus H215/225
II	Mittel	800–2.000	Airbus AS350 Airbus EC 145, H 145 Airbus EC 155, H 155 Bell UH-1D 205 (einmotorig) Bell UH-1D 212 bzw. 412 (zweimotorig) PZL W-3 A Sokol Augusta AW169M
III	Klein	< 800	Airbus EC 135 Augusta A-119 Koala Bell 206 Bell 407 Robinson R66

Einteilung der Hubschrauber für den Rettungseinsatz:

Für den vorgeplanten Hubschraubereinsatz zur Rettung auch aus schwierigem Gelände, dynamischen Lagen (z.B. Starkregen, Flut, schnelle Brandentwicklung) sind in der Regel nur leistungsfähige Rettungshubschrauber mit Winde geeignet.

Schwieriges Gelände

[1] Die genannte Einteilung ist aus den Vorgaben für Löschhubschrauber in den USA übernommen, die sich international etabliert hat. Sie ist nicht identisch mit der ICAO/EASA Einteilung von Luftfahrzeugen aus Kap. 2.6.

[2] Achtung: Je nach Baujahr, konkretem Typ und konkreter Motorisierung bzw. Ausrüstung kann es hier auch zu Verschiebungen kommen! Private Hubschrauber für den professionellen Außenlasttransport können hier meist mehr Last transportieren, weil weniger andere Ausrüstung fest eingerüstet ist. Es kann daher zur Einteilung an sich baugleicher Hubschrauber in verschiedene Typen kommen!

Hubschrauber ohne Winde können nur eingesetzt werden, wenn eine Landung im Gebiet möglich ist, z.B. in vordefinierten und dafür geeigneten Sicherheitszonen (safety-zones).

Ein Rettungsverfahren mittels Tau ist evtl. sinnvoll, da mehrere Personen gleichzeitig gerettet werden können. Das Taurettungsverfahren ist in der Regel schneller als ein Winchverfahren zur Rettung, wird jedoch nur noch von wenigen Luftfahrzeugbetreibern praktiziert.

In Einzelfällen wurden sogar schon Feuerwehrleinen benutzt, um Personen aus einem gefährdeten Bereich durch eine Flut an ein sicheres Ufer zu ziehen (vgl. SOLHEID/MERTEN, 2022). Dies ist aus Gefährdungsgesichtspunkten nicht zu empfehlen und kann zum Totalverlust von Luftfahrzeug und Besatzung führen!

Für die Rettung können daher folgende Hubschrauber vorgeplant und explizit angefordert werden:

- mit Winde,
- mit Hakensystem für Personentransport am Bergetau an zwei Lasthaken (sofern als Verfahren beim Betreiber des Luftfahrzeuges vorhanden),
- ohne Winde mit entsprechender Ausstattung für die Personenaufnahme in der Kabine.

Einsatzvoraussetzungen für Hubschrauber sind:

- Je nach Einsatzhöhe im Auftrag (z.B. am oder auf einem Berg), je nach Füllstand des Kraftstofftanks, je nach in die jeweilige Maschine eingerüsteten Missionsausrüstungen (Wärmebildkamera, Videoausrüstung, Winde) unterscheidet sich die Leistungsfähigkeit sonst gleicher Maschinen im konkreten Einsatz. Dies muss bei der konkreten Einsatzplanung jeweils berücksichtig werden.
- Sofern keine Nachtflugausrüstung und entsprechend ausgebildetes Personal vorhanden ist, ist der Einsatz auf die Stunden mit ausreichend Tageslicht beschränkt.
- Die unterschiedlichen Traglasten und Fluggeschwindigkeiten sowie möglichen Flughöhen mit den konkreten Lasten müssen in der Einsatzplanung für alle Luftfahrzeuge mit beachtet werden. Hubschrauber sollten bei verschiedenen Typen im Einsatz dabei unter sich in einem Abschnitt eingesetzt werden.

2.8.3 Flächenflugzeuge

Flächenflugzeuge können eingesetzt werden für

- Waldbrandfrüherkennungs-/Überwachungs-/Beobachtungsflüge
- Erkundung aus der Luft
- Führung von mehreren Luftfahrzeugen im Einsatzgebiet
- Führen von Bodenkräften
- Löschen aus der Luft
  - Direkte Brandbekämpfung
  - Indirekte Brandbekämpfung

EU-Gemeinschaftsverfahren/rescEU-Vorhaltung

Löschflugzeuge sind über die jeweils in den Bundesländern geltenden Melde- und Alarmierungswege anzufordern. Sie kommen regelmäßig aus dem EU-Gemeinschaftsverfahren oder sind Einheiten aus der rescEU-Vorhaltung.

Abb. 65: Löschflugzeuge standen im Bundesgebiet v.a. in der früheren DDR über einen Co-Nutzen der Agrarfliegerei relativ dicht zur Verfügung. Dieser Nutzen ist seit Jahrzehnten weggefallen, die damit so verfügbaren Luftfahrzeuge auch. (Foto eines Einsatzes aus dem Jahr 1992: Hilger, Düsseldorf)

Tabelle 3: Flächenflugzeugtypen (Tabelle: Dr. Cimolino)

Typ international	Deutsche Beschreibung	Löschwassermenge (Liter)	Beispiele
I	Sehr groß	> 10.000	Beriev Be 200 Altair Bombardier Dash 8 Q400-MR Lockheed C-130 Hercules
II	Groß	5.000–10.000	Bombardier 415 Canadair CL 215 Canadair CL 215T künftig: De Haviland DHC-515 (Nachfolger der Canadair-Baureihe ab ca. 2025) Alle Scooper!
III	Mittel	3.000–5.000	Air Tractor AT 802F/AF Air Tractor AT 802F/Fire Boss Conair Firecat/Turbo Firecat (Grumman S2-Tracker)
IV	Klein	< 3.000	PZL Mielec M-18 Dromedar

Einsatzvoraussetzungen für Flächenflugzeuge sind:

- Sofern keine Nachtflugausrüstung und entsprechend ausgebildetes Personal vorhanden ist, ist der Einsatz auf die Stunden mit ausreichend Tageslicht beschränkt.
- Die unterschiedlichen Traglasten und Fluggeschwindigkeiten sowie möglichen Flughöhen mit den konkreten Lasten müssen in der Einsatzplanung für alle Luftfahrzeuge mit beachtet werden. Flächenflugzeuge sollten bei verschiedenen Typen im Einsatz dabei unter sich in einem Abschnitt eingesetzt werden.
- Im Einsatz ist für die Flächenflugzeuge zu beachten, um welchen konkreten Typ es sich handelt:
  - Scooper, also Amphibienflugzeuge, die im Flug über der Wasseroberfläche selbst Wasser aufnehmen, oder
  - klassische Flugzeuge, die immer eine Landebahn mit Wasserbetankung am Boden benötigen. Diese wiederum sind zu unterscheiden, welche Länge und Beschaffenheit die Landebahnen brauchen. Dies ist mit den Besatzungen abzusprechen.
    - Für kleine und mittlere Flächenflugzeuge kann je nach Ausführung auch ein Segelflugplatz mit ebener Grasfläche ausreichend sein.
    - Spätestens ab den größeren Flächenflugzeugen sind befestigte Landebahnen, also ein echter Flugplatz, nötig.

3 Einsatz von Luftfahrzeugen im Vegetationsbrand- und Katastrophenschutzeinsatz

Der schnelle und rechtzeitige Einsatz von Luftfahrzeugen ist in bestimmten Lagen essenziell, um eine breite Schadenausweitung möglichst früh verhindern oder Menschen erfolgreich retten zu können. Kommt der Einsatz zu spät, sinkt die Wirkung des Luftfahrzeugeinsatzes spürbar bis dorthin, dass er eher medialen Charakter aufweist. Dies ist nicht zielführend, kostenintensiv und bindet kostbare Luftfahrzeuge, die konkreten, flugzeitabhängigen und z.T. sehr zeitintensiven Wartungszyklen unterliegen.

Wie z.B. der Einsatz in der Sächsischen Schweiz im Sommer 2022 gezeigt hat, kommen im Vegetationsbrandeinsatz nahezu alle Aspekte des Einsatzes von Luftfahrzeugen im zeitkritischen Katastrophenschutzeinsatz zusammen. Aufgrund der deutlichen Zunahme und den Gefahren, die von Vegetationsbrandeinsätzen ausgehen, wird der Schwerpunkt im Folgenden auf diese gelegt. Ferner werden auch Einsatzmöglichkeiten in und Beispiele aus anderen Lagen (wie z.B. Starkregenereignisse oder Hochwasser) an zielführenden Stellen gezogen.

Großflächige Vollbrände

Der Einsatz von Luftfahrzeugen bei großflächigen Vollbränden im dichten Bestand direkt auf den in Vollbrand stehenden Wald und bei Feuern im Boden ist aufgrund der hohen Energie des Feuers und der vorherrschenden Thermik i.d.R. ineffektiv und sollte unterlassen werden. Ein indirekter Löschangriff mittels chemischen Brandhemmern (z.B. Retardant) vor dieser Feuerfront kann den Vollbrand hingegen hemmen und eindämmen, so dass er im weiteren Verlauf vom Boden aus bekämpft werden kann.

Abb. 66: Das Feuer greift vom Boden über die Feuerbrücke der schrägen toten Bäume in die Wipfel bzw. Kronen über. In dieser Entstehungsphase kann der schnelle Einsatz von Luftfahrzeugen eine weitere Ausbreitung zum Wipfel- bzw. Kronenfeuer – und dazu zum Großbrand, der direkt kaum mehr zu bekämpfen ist – noch unterbinden. Die Löscharbeiten am Boden werden zudem faktisch dadurch verhindert, dass am Boden viel Totholz als Brennmaterial liegt und das Betreten der Brandflächen aufgrund der Totholzmengen in allen Lagen vom Boden bis zu den Wipfeln ohne vorherige fachgerechte Beräumung[1] lebensgefährlich ist, da jederzeit Äste oder Stammteile abbrechen können. (Foto: @fire)

Abb. 67: Oft ist es gerade aus der Entfernung schwer zu entscheiden, was noch zielführend ist und was nicht. Hier benötigt die Einsatzleitung fachkundige Beratung, gerade auch von den Einsatzkräften vor Ort. Der Taktische Abwurfkoordinator (TAK) kann hier wertvolle Unterstützung leisten. (Foto: Frank Muhmann, FeuerwehrEinsatz:NRW)

---

[1] Das Beräumen dieser Flächen bzw. Zugangswege erfordert Fachpersonal mit spezieller Ausbildung aus den Forstbereichen und dauert aufgrund der nötigen Sicherheitsmaßnahmen seine Zeit!

Munitionsverdachtflächen

Beim Löschen über Munitionsverdachtsflächen gelten i.d.R. die gleichen Sicherheitsbereiche in der Luft, wie sie am Boden von den zuständigen Kampfmitteldiensten ausgegeben wurden. Aus dem Kreis wird so eine Halbkugel (Hemisphäre) (vgl. zum Einsatz bei Munitionsverdacht ausführlich: CIMOLINO, 2019).

Ausnahmen können nur von den Kampfmittelentschärfern ggf. nach Absprache mit den Piloten (insbesondere spezieller geschützter Luftfahrzeuge) erlassen werden. Evtl. kann hier zukünftig der Einsatz unbemannter Löschdrohnen oder Roboter zumindest in Teilbereichen eine Lösung sein. Bodenfeuer flächig abzulöschen ist aber mit derartigen Systemen bisher noch nicht möglich.

Der indirekte Löschangriff aus der Luft mittels Brandhemmern ist in Deutschland aktuell nicht etabliert.

Erste Maßnahmen am Boden unter Einsatz von Vorfeuern wurden in Brandenburg 2022 erstmals wieder als taktische Maßnahme eingesetzt (vgl. MITTELBACH, 2023). Der Einsatz von Vorfeuern kann auch auf UXO-Flächen eine mögliche Maßnahme darstellen, sofern von Munitionsresten geräumte Bereiche vorhanden und lediglich zugewachsen sind. Ein solcher Einsatz ist auch aus der Luft mittels spezieller Pyro-Bälle oder Drip-Torches möglich, jedoch in Deutschland ebenfalls noch nicht etabliert. UXO-Flächen werden in Deutschland weiterhin eine der größten Herausforderungen bei der Vegetationsbrandbekämpfung darstellen, insbesondere da sie durch die Hindernisse bei der Bekämpfung regelmäßig Potenzial haben, sich zu langanhaltenden Katastrophenbränden zu entwickeln.

Beim Einsatz verschiedener Luftfahrzeugtypen (Drohnen, Hubschrauber und Flächenflugzeuge) sowie unterschiedlicher Größen dieser Typen, kann es zu großen Behinderungen und Gefährdungen kommen. Hierbei ist also eine gute Koordination nicht nur für die Effektivität und Effizienz, sondern auch für die Sicherheit essenziell. Die Elemente hierzu werden in den weiteren Abschnitten erläutert.

3.1 Anforderung von Luftfahrzeugen, Dauer und Kostenregelungen

Bundesländer

Brand- und Katastrophenschutz fallen in die Zuständigkeit der Bundesländer. Innerhalb der Bundesländer sind regelmäßig die Kommunen für den Brandschutz und die Aufgaben nach den Brandschutzgesetzen und die Landkreise bzw. kreisfreien Städte für den Katastrophenschutz bzw. als untere Katastrophenschutzbehörde für die Aufgaben nach den jeweiligen Katastrophenschutzgesetzen zuständig. BOS, die gemäß dieser Gesetze keine konkrete Aufgabe zugewiesen bekommen, aber im Einsatz benötigt werden, werden regelmäßig im Wege der Amtshilfe nach den Landesverwaltungsverfahrensgesetzen bzw. Bundesverwaltungsverfahrensgesetz (VwVfG) angefordert. Durch die föderale Zuständigkeit gibt es in den Bundesländern unterschiedliche Anforderungsverfahren für Luftfahrzeuge und ebenso unterschiedliche Kostenregelungen. Im Nachfolgenden wird auf den grundsätzlichen Weg und die grundsätzliche Kostenregelung nach dem Bundesverwaltungsverfahrensgesetz (VwVfG) abgestellt. Jeder potenzielle Einsatzleiter ist jedoch gehalten, sich über die Besonderheiten im eigenen Bundesland vorab zu informieren, um so im Einsatzfall schnell den korrekten Anforderungsweg zu beschreiten.

Grundgesetz

Die Grundform der Verwaltungszusammenarbeit findet im Rahmen der Amtshilfe statt und ergibt sich direkt aus der Verfassung. *Art. 35 I GG* regelt, dass sich alle Behörden des Bundes und der Länder gegenseitig Amtshilfe leisten. Amtshilfe soll das reibungslose Funktionieren staatlichen Handelns im föderalen Kontext sicherstellen (vgl. RUDOLF, 2008). Ferner regelt *Art. 35 II S. 2 GG* die Unterstützung der Länderverwaltungen untereinander, durch die Bundespolizei[1] sowie die Streitkräfte im Katastrophen- oder bei einem besonders schweren Unglücksfall. Die Möglichkeit, dass die Bundesregierung Polizeikräfte anderer Länder, der Bundespolizei oder der Streitkräfte einsetzen kann, ergibt sich aus Art. 35 III GG, wenn das Gebiet mehr als eines Landes durch eine Naturkatastrophe oder Unglücksfall gefährdet wird.

Diese Regelungen werden durch die Verwaltungsgesetze konkretisiert. Da die *§§ 4–8 VwVfG* die Regelung des *Art. 35 I GG* näher ausführen, können sie auch bei fehlenden oder lückenhaften Landes-

[1] Art. 35 GG spricht noch von „Bundesgrenzschutz", welcher 2005 in „Bundespolizei" umbenannt wurde. Eine Anpassung im GG an die Namensänderung ist bisher nicht erfolgt.

regelungen herangezogen werden (vgl. BECKER, 2019 und OTTE, 2023).

Im Nachfolgenden wird regelmäßig sein:

- „Ersuchende Behörde“:
  - Im Brandfall: Die Kommune
  - Im Katastrophenfall: Der Hauptverwaltungsbeamte (Landrat oder Oberbürgermeister der kreisfreien Städte)
- „Ersuchte Behörde“:
- Jede andere Behörde (z.B. Landespolizei, Bundespolizei, Bundeswehr), die keine Aufgabe nach dem Brand- oder Katastrophenschutzgesetz zugewiesen bekommen hat.

Gem. *§ 4 I VwVfG* leistet jede Behörde anderen Behörden auf Ersuchen ergänzende Hilfe, die sogenannte Amtshilfe. Ein Amtshilfeersuchen kann insbesondere dann gestellt werden, wenn die erforderliche Amtshandlung nicht selber oder nur mit wesentlich größerem Aufwand vorgenommen werden kann *(§ 4 I i.V.m. § 5 I Nr. 3, Nr. 5 VwVfG)*. Einem Ersuchen ist grundsätzlich zu entsprechen, sofern keine Ausnahmen vorliegen *(§ 5 III VwVfG)*. Die Ausnahmen sind im § 5 II VwVfG abschließend aufgezählt. Zu den einschlägigsten gehören ein unverhältnismäßig hoher Aufwand sowie die ernstliche Gefährdung der Erfüllung eigener Aufgaben, wenn der Amtshilfe entsprochen würde *(§ 5 II Nr. 2 und 3 VwVfG)*. Die Zulässigkeit der Maßnahme richtet sich dabei nach dem für die ersuchende Behörde geltenden Recht *(§ 7 I VwVfG)*. Die ersuchende Behörde trägt auch die Verantwortlichkeit für die Rechtmäßigkeit der zu treffenden Maßnahme *(§ 7 II S. 1 VwVfG)*. Die Zulässigkeit und Verantwortlichkeit der Durchführung der Amtshilfe obliegt dabei der ersuchten Behörde *(§ 7 I, II S. 2 VwVfG)*. Ferner sind anfallende Auslagen gem. *§ 12 BGebG* auf Anforderung der ersuchten Behörde zu erstatten, sofern sie 35 € übersteigen und die Behörden nicht demselben Rechtsträger angehören *(§ 8 I VwVfG)*.

Kommune und Landkreis

Konkret bedeutet dies, dass grundsätzlich die entstehenden Kosten im Brandfall durch die Kommune und im Katastrophenfall vom Landkreis zu tragen sind. Dies kann selbst der Fall sein, wenn Feuerwehren den Polizeihubschrauber des eigenen Bundeslandes anfordern. Daher sollte man sich als Einsatzleiter auch mit den landeseigenen Kostenregelungen im Vorwege vertraut machen. Eine frühe, lageangepasste Anforderung und Bereitstellung von Luftfahrzeugen zum Löscheinsatz halten die Kosten gering (vgl. OTTE, 2023).

Trotz der Kostenübernahmeverpflichtung von Kommune bzw. Landkreis behalten sich die meisten Bundesländer eine zentrale Anforderung von Luftfahrzeugen über das jeweilige Landesinnenministerium vor. Dieser Weg sichert zwar eine zentrale Koordinierung der knappen Ressource Luftfahrzeug, insbesondere in weiträumigen Katastrophenlagen, ist jedoch zeit- und abstimmungsintensiv. Somit sichert eine frühe und gut begründete Anforderung die rechtzeitige Bereitstellung von Luftfahrzeugen im Einsatzraum. Vor diesem Hintergrund ergibt sich grundsätzlich folgender Anforderungsweg:

Einsatzleiter → Leitstelle/Führungsstab → Lagezentrum des Innenministeriums → Hubschrauberbetreiber (Privat, Polizei, Bundespolizei, Bundeswehr) oder an GMLZ

Kostenübernahme

Regelmäßig müssen spezielle Formulare und eine Kostenübernahmeerklärung ausgefüllt und übermittelt werden. Dies kann bundeslandabhängig sogar auf jeweils unterschiedlichen Formularen für verschiedene Luftfahrzeugbetreiber notwendig sein! Anmerkung: Der Einsatzleiter wird i.d.R. aber nicht wissen (können), welcher Luftfahrzeugbetreiber im konkreten Anforderungsbedarf über welche Luftfahrzeuge verfügt!

Dies sollte frühestmöglich abgestimmt werden, da insbesondere die fehlende oder unrichtige schriftliche Kostenübernahmeerklärung regelmäßig zu Verzögerungen führt. Dieser Weg alleine im eigenen Bundesland kann bis zu mehrere Stunden in Anspruch nehmen, besonders, wenn er in der Vergangenheit nicht regelmäßig beschritten wurde.

Bundesland

Wenn die Anforderung das eigene Bundesland in Richtung der Luftfahrzeugbetreiber verlassen hat, so stehen diese aktuell regelmäßig nicht in einer Sofortbereitschaft zum Lösch- oder Hilfeleistungseinsatz zur Verfügung. Dies gilt besonders für Polizei- und Bundeswehrluftfahrzeuge, die grundsätzlich für den eigenen Einsatzbereich eingesetzt und vorgehalten werden. Bei einer eingehenden Anforderung müssen demnach Besatzungen alarmiert und Luftfahrzeuge ggf. umgerüstet werden. Dieser Vorgang kann zwei Stunden oder mehr in Anspruch nehmen, bevor das Luftfahrzeug startet. Es muss dann noch in den Einsatzraum verlegen. Polizei, Bundespolizei und Bundeswehr sind sich zunehmend ihrer Bedeutung im Vegetationsbrandeinsatz bewusst und versuchen bereits eigenständig und lageangepasst diese Anforderungszeiten im Rahmen ihrer Möglichkeiten auf ein Minimum zu reduzieren. Aufgrund fehlender Zuständigkeit sollte dies jedoch nicht als selbstverständlich erachtet werden, insbesondere bei unvorhergesehen Lagen, z.B. Starkregen oder frühe Vegetationsbrände im Frühjahr vor der „Saison“ (vgl. OTTE, 2023).

Zur Verdeutlichung soll folgendes Musterbeispiel einer Anforderung von Luftfahrzeugen dienen (zur Vereinfachung ohne Berücksichtigung anderer taktischer Maßnahmen oder nachzufordernder Kräfte!):

> *In einem deutschen Mittelgebirge wird im Juli um 10:00 Uhr vormittags ein Vegetationsbrand nahe einer Bahnstrecke an einem Westhang gemeldet. Der Wind ist aktuell schwach (1,4 m/s, 5 km/h, 2,7 kt) aus Ost, die Luftfeuchtigkeit liegt bei 45 %, bei 20 °C und es hat seit langer Zeit nicht geregnet. Der betroffene Einsatzraum ist von Nadelwald mit starkem Totholzanteil geprägt. Der Wetterbericht des Tages gibt ab 14:00 Uhr an, dass der Wind dreht und auf 35 km/h (~10 m/s, 19 kt) mit Böen bis 55 km/h aus West zunimmt, die Luftfeuchtigkeit auf 25 % abnimmt und die Temperatur auf bis zu 35 °C steigen soll. Es ist folglich damit zu rechnen, dass sich das Feuer am Vormittag im Schatten des Hanges befindet und moderat (Hangneigung und Brennstoff begünstigen, Wind bremst) ausbreitet. Ab 14:00 Uhr muss mit einer zunehmenden (katastrophenähnlichen) Eskalation der Lage gerechnet werden, da zum einen die „30-30-30“ Regel überschritten wird und zum anderen der Westhang in die Sonne kommt und der Wind sowie Hangneigung einander begünstigen wird. Bereits mit diesem Wissen und den genannten Argumenten fordert der Einsatzleiter bereits um 10:30 Uhr zwei Hubschrauber mit 2.000 l ALB zur Bereitstellung zum Löschen sowie den Polizeihubschrauber der Landespolizei/ein Flächenflugzeug des Feuerwehrflugdienstes zur Lufterkundung an. 13:30 Uhr landen die Hubschrauber mit ALB im Bereitstellungsraum und das Flächenflugzeug hat den Erkundungsauftrag übernommen. Auf eine Eskalation kann nun frühzeitig und schnell reagiert werden.*

Vegetationsbrand-experten

Den erfahrenen Vegetationsbrandexperten werden bei der Musterlage die Gedanken um weitere Maßnahmen (z.B. Vorfeuer, Brandschneisen) und Pläne im Vorwege sowie um eine vielfältige Palette an Möglichkeiten der nun zur Verfügung stehenden oder weiterer Luftfahrzeuge (z.B. direkter Löschangriff auf einen noch kontrollierbaren Vegetationsbrand oder indirekter Löschangriff mittels Brandhemmern an taktischen Schlüsselpunkten) nur so sprudeln, um eine Eskalation der Lage möglichst zu vermeiden oder zu hemmen. Allerdings gehört zur Wahrheit auch dazu, dass wir in Deutschland unsere vorhandenen materiellen Potenziale durch das Erlernen und die Anwendung neuer Taktiken bei weitem noch nicht ausgeschöpft haben und daher mit einer Eskalation der Lage trotz massiven Wassereinsatzes (i.d.R. ohne Löschmittelzusätze, nicht mal mit Netzmittel) und modernster Fahrzeugtechnik gerechnet werden muss. Daher soll auf diese neuen taktischen Möglichkeiten – zumindest aus der Luft – im weiteren Verlauf eingegangen werden.

3.2 Einbindung in die Gesamtstruktur

Insbesondere Vegetationsbrände erfordern den Einsatz verschiedener Einheiten, Mittel und Organisationen im Sinne einer „Operation verbundener Kräfte“. Dies bedeutet auch, dass Luftfahrzeuge bei diesen Einsätzen lediglich eines von vielen Einsatzmitteln sind und die Brandbekämpfung unterstützen, jedoch grundsätzlich nicht allein erfolgreich sein oder Feuer vollständig löschen können. Ähnliche Einsatzlagen können aber auch bei anderen naturbedingten bzw. -beeinflussten dynamischen Flächenlagen auftreten, wie sie z.B. für Starkregenereignisse oder Flutkatastrophen typisch sein können (vgl. OTTE, 2023).

Dafür kommen je nach Aufgabe und Verfügbarkeit

- Drohnen
- Hubschrauber
- Flächenflugzeuge

zum Einsatz.

AirOps

Der Luftfahrzeugeinsatz in der nicht polizeilichen Gefahrenabwehr wird international als Aerial Firefighting bzw. Air Operations, abgekürzt AirOps, bezeichnet. Er umfasst weit mehr als nur die Brandbekämpfung aus der Luft.

Luftfahrzeuge müssen im Einsatz nicht nur taktisch richtig und lageangepasst geflogen, sondern auch mit den – ggf. dem Luftfahrzeug angepassten – geeigneten bzw. erfüllbaren Aufträgen versehen werden.

Für einen wirksamen Einsatz der Luftfahrzeuge ist es zwingend notwendig, diese in die Einsatzstruktur von Anfang an mit einzubinden!

Führungs-/ Kommunikationsstruktur

Dies setzt eine geeignete Führungs- und Kommunikationsstruktur voraus. Dabei ist zu beachten, dass viele Luftfahrzeuge entweder über keinen BOS-(Digital-)Funk verfügen, die notwendigen Einsatzgruppen vor Ort nicht ohne weiteres schalten können oder der BOS-Funk nicht ausreichend ausgebaut bzw. durch die Fülle der Einsatzkräfte überlastet ist. Die frühzeitige Planung und Bereitstellung von TBZ-Gruppen kann hier eine erste Abhilfe schaffen. Siehe Einsatzerfahrungen v.a. aus den Jahren 2018–2022 bzw. Auswertungen der Expertenkommission Starkregen 2021 (vgl. CIMOLINO, 2022).

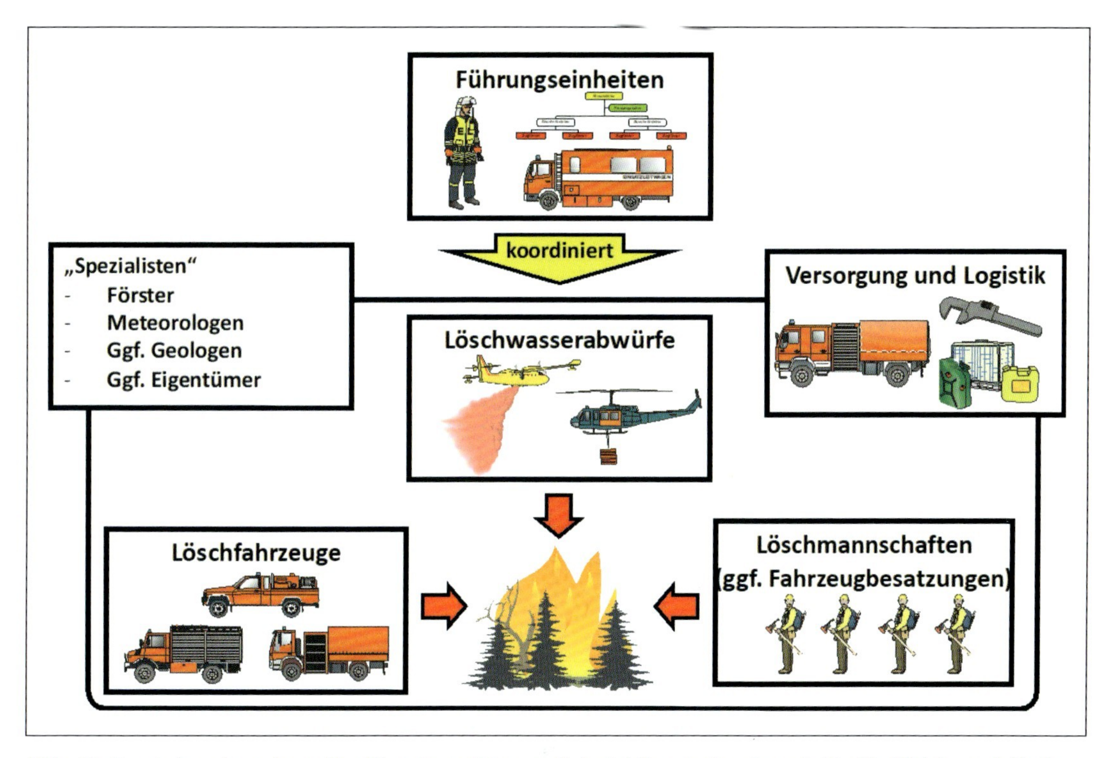

Abb. 68: Bausteine einer sinnvollen Einsatzstruktur am Beispiel Vegetationsbrand. (Grafik: Weich, nach Vorlage Dr. Cimolino)

Beispielhaft wird im folgenden Abschnitt die Führungsorganisation sowie die dazu passende Kommunikationsstruktur erläutert. Die Kommunikationsstruktur folgt der Führungsorganisation – nicht umgekehrt (vgl. CIMOLINO, 1999–2008).

3.3 Einsatzstufen für den Luftfahrzeugeinsatz

Ausgebildetes Personal

Der Einsatz von Luftfahrzeugen erfolgt in mehreren Stufen – abhängig von der Komplexität der Lage sowie der Anzahl und Varianten der Luftfahrzeuge im Einsatz. Abb. 69 zeigt dabei das steigende Risiko mit wachsender Anzahl an Hubschraubern oder auch steigender Komplexität der Einsatzlage, z.B. durch komplexere Flugverfahren (Behälterwechselverfahren) oder auch Lastarbeit (Transport von beliebigen Außenlasten). Dem steigenden Risiko muss entsprechend Rechnung getragen werden, indem z.B. die Führungsorganisation entsprechend mitwächst und adäquat ausgebildetes Personal eingesetzt wird.

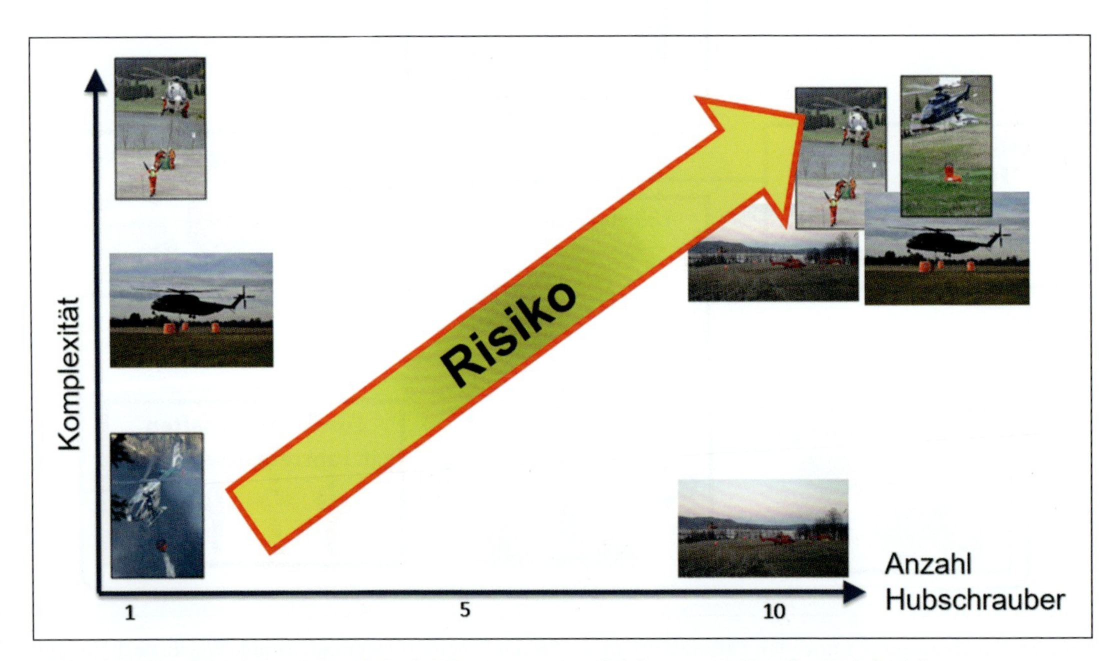

Abb. 69: Einflussfaktoren auf das Risiko bei Einsätzen mit Luftfahrzeugen. (Quelle: Dr. Schmid)

I.d.R. werden in Stufe 1 nur Luftfahrzeuge mit BOS-Funk (Polizei, Bundespolizei) eingesetzt.

Ab Stufe 2 muss damit gerechnet werden, dass Luftfahrzeuge, z.B. der Bundeswehr oder von privaten Betreibern, eingesetzt werden, die über keine BOS-Funkausstattung verfügen.

Ab Stufe 3 wird das die Regel sein.

Die Stufe 4 kommt in Deutschland höchstens und in den meisten[1] Gebieten nur zum Einsatz, wenn parallel zu Hubschraubern auch Flächenflugzeuge (z.B. über RescEU) zum Löschen eingesetzt werden sollen, weil das erhebliche Konsequenzen für den Flugbetrieb (räumlich bzw. zeitlich) haben wird und sorgfältig geplant werden muss! Ein Flächenflugzeug an einer Einsatzstelle für Erkundungs-, Beobachtungs- oder Führungsaufgaben in deutlich separierter (größerer) Flughöhe führt nicht zur Stufe 4, muss aber trotzdem deutlich zu allen Luftfahrzeugen kommuniziert und sorgfältig geplant werden!

Gesondert aufgeführt ist hier die Einsatzstufe „L“, bei der umfangreiche Lastarbeit durchgeführt wird, also Außenlasten (Pumpen, Schläuche, etc.) ins Einsatzgebiet transportiert werden. Dabei ist eine erhebliche, komplexere Bodenorganisation mit entsprechend ausgebildeten Flughelfern notwendig.

Einsätze bei Nacht und schlechter Sicht:

Für notwendige Einsätze in der Nacht muss die Nachtflugtauglichkeit gesondert überprüft werden. Dies betrifft zum einen die technische Ausstattung der Maschinen, die Ausbildung der Besatzung und die jeweilige Lage.

[1] Ausnahmen ggf. in den Gebieten, in denen in den Sommermonaten seit 2023 wenige Flächenflugzeuge zur Verfügung stehen können.

Tabelle 4: Einsatzstufen (Tabelle: Dr. Cimolino)

Stufe	Anzahl + Art Luftfahrzeuge	Kommunikation Luft-Boden	Außen-Landeplatz erforderlich	Auswahl durch	Landeplatzbetrieb erforderlich?
1	1–2 meist ähnlich leistungsfähige Hubschrauber **ODER** 1 bis 2 Flächenflugzeuge	BOS-Funk	Meist ja, ALB einhängen Absprache mit EL	Pilot	Nein Mit den in Deutschland derzeit für den Abwurf zeitweise[1] vorhandenen Flächenflugzeugen ist immer auch ein Landeplatz zur Befüllung erforderlich.
2	>2 meist ähnlich leistungsfähige Hubschrauber, z.T. bereits sehr unterschiedliche Typen	BOS-Funk Zusätzlich immer Flugfunk (VHF) erforderlich	Ja	EL bzw. AL Luft	Ja z.T. mit Außentankstelle, wenn längerer Einsatz
3	• Viele Typvarianten, • verschiedene Betreiber, • komplexe Lage	I.d.R. nur Flugfunk	ja	EL bzw. AL Luft	Ja Meist mit Außentankstelle
4	Hubschrauber **und** Flächenflugzeuge	Nur Flugfunk	Ja (für Hubschrauber) Flugplatz für Flächenflugzeuge	EL bzw. AL Luft	Ja Meist mit Außentankstelle
L	Lastarbeit	BOS & Flugfunk	Ja	EAL Luft	Ja

3.4 Voraussetzungen für den Einsatz von Luftfahrzeugen

Bodenpersonal/ Bodenbesatzung

Das Zusammenspiel von Bodenpersonal und Bordbesatzungen muss im Vorfeld trainiert und geübt werden, um den Belangen der Unfallverhütungsvorschriften gerecht zu werden. Aus diesem Grund muss zum Zeitpunkt des Einsatzes für die Aufgabe ausgebildetes Bord- und Bodenpersonal zur Verfügung stehen.

Aus- und Fortbildungsgrundlage für das Bodenpersonal für Lastarbeit ist die *DGUV Information 214-911*.

Es werden Befähigungen für den Einsatzleiter (was in den hier diskutierten Fällen dem EAL Luft entspricht), den Hubschrauber-

[1] 2023 und 2024 jeweils in den trockenen Monaten um den Sommer zwei AirTractor 802/A aus dem RescEU-Programm in Niedersachsen und eine Dromedar PZL M18B in einem Harzkreis (Sachsen-Anhalt).

führer und den Flughelfer gefordert. Im Bereich des Einsatzleiters dürfen nur Personen eingesetzt werden, welche über ausreichend theoretische Kenntnisse und einschlägige praktische Erfahrungen verfügen.

Aus- und Fortbildungsgrundlage für die Bordbesatzungen für Lastarbeit sind betreiberinterne Regelungen, Vorgaben durch die Flughandbücher und Befähigungsnachweise für das Durchführen von Lastarbeit.

3.5 Führung in der Luft

Taktische Führung für den Einsatz aus der Luft bedeutet spätestens beim Einsatz mehrerer Luftfahrzeuge einen Einsatzabschnitt Luftfahrzeugeinsatz (EA Luft) einzurichten!

Bei verschiedenen Luftfahrzeugtypen setzen die meisten Staaten international ein Führungsluftfahrzeug in der Regel oberhalb der abwerfenden Luftfahrzeuge ein. In Portugal und Spanien ist das ab drei Luftfahrzeugen verpflichtend vorgeschrieben. Frankreich nutzt das auch in speziellen Bereichen bei gleichen Typen von Luftfahrzeugen, zum Beispiel bei Feuern an Landesgrenzen oder in der Nähe zu Städten.

Führung mehrerer Luftfahrzeuge

Die Führung mehrerer Luftfahrzeuge erfolgt stets auf einer Flugebene deutlich oberhalb der anderen eingesetzten Luftfahrzeuge. Sie sind dann mit entsprechend geschultem Personal, sogenannten Luftkoordinatoren (LKO) zur Führung der anderen Luftfahrzeuge zu besetzen. Der Funkverkehr ist in der Regel auf Flugfunk zu führen, um alle beteiligten Luftfahrzeuge ansprechen zu können. LKO müssen dabei über ausreichendes Wissen für die jeweilige Einsatzsituation, aber auch für die Koordination der Luftfahrzeuge verfügen.

3.6 Taktische Koordination des Luftfahrzeugeinsatzes

Jeder Luftfahrzeugeinsatz erfordert die richtige taktische Einbindung, auch um die knappe Ressource sicher und sinnvoll zu verwenden sowie um teure Fehleinsätze zu vermeiden.

Der taktische Abwurfkoordinator (TAK) im Einsatzabschnitt Luft muss den Luftfahrzeugeinsatz so steuern, dass das angestrebte Ziel bestmöglich (effektiv und effizient) und ohne Gefährdung der Kräfte am Boden erfolgt. Bei sehr großen Einsatzbereichen muss es davon ggf. mehrere davon geben, z.B. einer je getrenntem Einsatzbereich/-abschnitt.

Aufgaben des TAK

Zu den Aufgaben des TAK gehört:

1. Festlegung des Ziels, des Startpunktes (Beginn Auftreffzone Löschmittel am Boden), Empfehlung zu Fluggeschwindigkeit, Abwurfhöhe und der Abwurfcharakteristik (Voll-/Sprühstrahl).
2. Beobachtung des Abwurfs (Löschwasser, aber auch z.B. bei einem Deichbruch Sandsäcke, Betonklötze o.ä.) – und ggf. Korrektur.
3. Ansage von gefährlichen Objekten im Flugbereich.
4. Bewertung der Effektivität und Effizienz der Abwürfe.
5. Herstellen der Sicherheit am Boden (z.B. Zuweisung von sicheren Bereichen während des Abwurfs für die Bodenkräfte).

Der TAK sollte sich gegenüber dem Luftfahrzeug frühestmöglich bemerkbar machen. Dies kann vom Boden aus z.B. mittels Peilspiegel erfolgen bzw. durch entsprechende Bekleidung. Anschließend spricht er das Luftfahrzeug zunächst in Bezug zur Abwurflinie in Flugrichtung ein. Hierzu eignet sich neben der Richtungsangabe eine dimensionslose Zahl für den Grad der Kurskorrektur (z.B. „links 4“ für eine deutliche Kurskorrektur des Luftfahrzeuges nach links oder „Kurs halten“, wenn keine weitere Korrektur erforderlich ist). Vor Erreichen des Abwurfpunktes zählt der TAK über Funk runter und gibt den Abwurf frei („Kurs halten! Wasser Marsch in 3-2-1-Wasser Marsch!“). Die bindende Anweisung zum Abwurf erfolgt ausschließlich durch den PIC im Luftfahrzeug und – wird je nach Besatzungszusammensetzung – durch den HHO oder den PIC selbst ausgeführt. Es kann daher zu einer kurzen Verzögerung nach „Wasser Marsch!“ bis zum tatsächlichen Löschmittelabwurf kommen. (Dies sollte in den Einweisungsgesprächen mit angesprochen bzw. muss bei Folgeabwürfen vom TAK bei der Einsprache beachtet werden.) Im Anschluss bewertet der TAK den Abwurf (z.B. „Treffer“, „nächster Abwurf weiter links/rechts“, „nächsten Abwurf früher auslösen“, nächsten Abwurf mit höherer/niedriger Geschwindigkeit“, „nächster Abwurf höher/tiefer“).

Abb. 70: Taktischer Abwurfkoordinator am Boden. Dieser kann sich optimalerweise mit einem Peilspiegel gegenüber dem Luftfahrzeug bemerkbar machen und spricht dieses anschließend über Funk ein. (Foto: Bundespolizei)

Abb. 71 und 72: Koordination der Wasserabwürfe durch den LKO in einem Aufklärungs- und Überwachungshubschrauber der Polizei. Durch das ebenfalls verfügbare Infrarot-Bild können Trefferbild und Wirkung optimal dargestellt und sogar übertragen werden. (Foto: Otte)

Abb. 73: Im Anflug in der Sächsischen Schweiz verlorener Außenlastbehälter. Flughelfer mit Flugfunk und BOS-Funk waren am Boden und konnten sowohl die eingesetzten Kräfte am Boden auf den Anflug hinweisen und das Gebiet räumen, wie auch die Besatzung zum „Einschlag" informieren. Beachten Sie die Tiefe des Einschlags! (Foto: Brust, SFS Würzburg)

Abb. 74: Der Taktische Abwurfkoordinator (TAK) gibt den Besatzungen der Luftfahrzeuge die entscheidenden Hinweise zum richtigen Abwurfort und – je nach Möglichkeiten auch zur gewünschten Abwurfart (Punkt-, Streu-, Linienwurf). Er hält in dem Abschnitt auch engen Kontakt zu den dort eingesetzten Kräften am Boden, damit der unmittelbare Abwurfbereich rechtzeitig und breit genug geräumt wird, oder Helfer zur Einweisung z.B. zur Befüllung von Pufferbehältern oder zur Entgegennahme von luftverlasteter Ausrüstung zur Verfügung stehen. (Foto: @fire)

Abb. 75: Das Befüllen von größeren Behältern ist noch relativ einfach und wird von den Piloten i.d.R. auch ohne externe Hilfe, je nach deren Erfahrung und Ausrüstung am Luftfahrzeug (z.B. Spiegel für die Außenlastbeobachtung), gut erledigt werden können. (Foto: @fire)

Abb. 76: Das richtige Befüllen von den viel kleineren Falt- oder Aufstell-Pufferbehältern erfordert viel Übung und eine Einweisung vom Boden. Trotzdem kommt es immer wieder zu Problemen, wie hier bei dieser Übung im Jahr 2009 bei Bad Reichenhall mit der Berührung des Außenlastbehälters mit dem Rand des Pufferbehälters. Nur wenn das ausreichend viel geübt wird, klappen Befüllungen auch unter noch schwierigeren Bedingungen, wie am Hang und in einer kleineren Lichtung. (Foto: Dr. Cimolino)

3.7 Bodenunterstützung bei der Luftarbeit – Brandbekämpfung versus Lasttransport

Verschiedene Einsatzmöglichkeiten

Die verschiedenen Einsatzmöglichkeiten von Luftfahrzeugen wurden bereits in den vorangehenden Kapiteln aufgezeigt. Luftfahrtrechtlich sind diese als „Special Operations“ einzuordnen und in der Regel Teil der Luftarbeit („Aerial Work“). Beim Einsatz von Hubschraubern ist dies in der Regel als sogenannte HESLO (Helicopter External Sling Load Operation) einzustufen, sofern dabei „Leinen“ als Lastaufnahmemittel zum Einsatz kommen. Ausgenommen ist hiervon lediglich der Flugbetrieb mit fest am Luftfahrzeug, also in der Kabine (typisch für viele Löschflugzeuge) oder außen z.B. in den Kufen oder direkt unter dem Hubschrauber angebrachten Tanks (vgl. Abb. 103 und 104 „Belly-Tank“).

Abhängig vom konkreten Einsatzzweck des Luftfahrzeuges ist nicht nur die Führungsorganisation anzupassen (vgl. Kap. 3.8), sondern auch entsprechendes Bodenpersonal mit entsprechendem Schwerpunktwissen. Dies soll im Folgenden aus Sicht der

Bodenorganisation dargestellt werden. Verantwortlich für die ausreichende Qualifikation des Personals ist der jeweilige „Unternehmer“, also die Organisation, die das Bodenpersonal stellt. Diese muss also festlegen, welche Tätigkeiten ausgeführt werden können die Aus- und Fortbildung entsprechend anpassen und die Einsatzmöglichkeiten und -grenzen des Personals kennen und beachten.

Fähigkeiten

Im Folgenden soll hier aufgezeigt werden, welche Fähigkeiten im Vordergrund stehen sollten. Einige Fähigkeiten, wie z.B. der sichere Umgang mit Luftfahrzeugen oder auch das Einrichten von Landeplätzen, stellen dabei Grundfähigkeiten dar, die immer vorhanden sein müssen.

Abb. 77 zeigt dabei schematisch den jeweiligen Schwerpunkt der benötigten Fähigkeiten. Bei der selbständigen Wasseraufnahme aus offenen Gewässern oder auch aus Behältern können die Luftfahrzeuge sehr autark agieren und benötigen, insbesondere bei Flugzeugen, keine bzw. nur eine geringe Unterstützung am Boden für den Flugbetrieb selbst. Bei derartigen Einsätzen wird also der Fokus auf der Arbeit des TAK (Taktischen Abwurfkoordinators) liegen, um eine sichere, effektive und effiziente Brandbekämpfung sicherzustellen. Außerdem ist es beim Hubschraubereinsatz zur Wasserabgabe in kleinere Behälter – insbesondere auch in schwieriger topographischer Umgebung – sinnvoll, ebenfalls ausgebildete Einweiser einzusetzen, die sich dann nicht unter dem Hubschrauber, sondern vor diesem mit direktem Blickkontakt zum Piloten befinden müssen.

Wird nun aus einsatztaktischen Gründen heraus eine Wasseraufnahme per Schlauchbefüllung oder durch das Behälterwechselverfahren notwendig, wird bei jedem Umlauf Personal benötigt, welches im direkten Gefahrenbereich des Hubschraubers tätig wird. Dabei wird zwar das Lastsystem (Lastaufnahmemittel + Last) verändert, jedoch ist die Kritikalität gering, da, sofern der Behälter richtig eingehängt wird, die Last nicht „falsch“ zusammengestellt werden kann. Eine „Überfüllung“ des Behälters für das aktuelle maximale Abfluggewicht ist zwar prinzipiell möglich, wird aber direkt beim Abflug durch die Besatzung bemerkt und kann von dieser selbst korrigiert werden.

Deutlich kritischer hingegen ist es, wenn beim kontinuierlichen Transport von Außenlasten die gesamte Last (in Netzen, Big Packs o.ä.) jedes Mal neu zusammengestellt und richtig verpackt werden muss. Entsprechend hoch müssen daher die Fähigkeiten des

Bodenpersonals im Bereich der Lastarbeit sein. Vereinfachen lässt sich dies durch die Verwendung standardisierter Lastaufnahmemittel oder gar gesamter Standardlasten, z.B. HeliSkid-Unit oder Transportboxen mit vorab definiertem Inhalt.

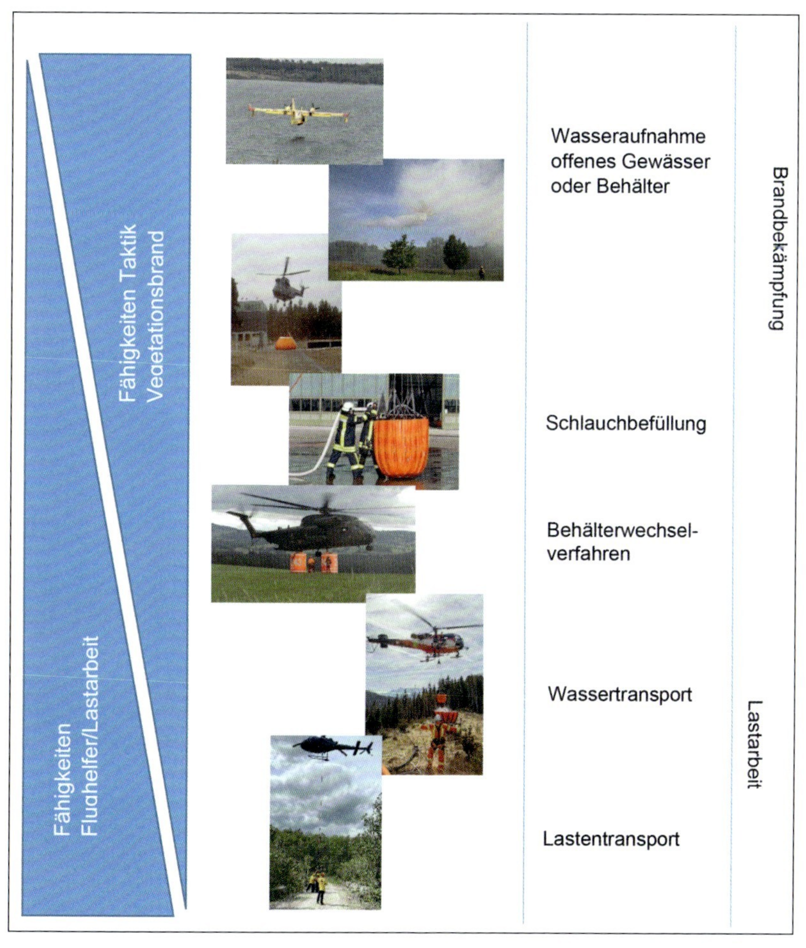

Abb. 77: Schematische Darstellung der benötigten Fähigkeiten des Bodenpersonals (Quelle: Dr. Schmid)

Eine absolut stringente Definition der entsprechenden Begriffe (Flughelfer, Bodenhelfer, Luftkoordinatoren, Fachberater Luft, ...) gibt es derzeit in Deutschland und der EU noch nicht, weshalb hier Vorsicht geboten ist, wenn über Länder- oder gar Staatengrenzen hinweg zusammengearbeitet werden soll.

3.8 Führungsorganisation und Kommunikation im EA Luft

Die generellen Aufgaben der Einsatzleitung bzw. nach entsprechender Delegation des EAL Luft sind in den Kap. 2.1.1 und 2.1.2 beschrieben. Eindeutig geklärt werden muss über den Einsatzabschnitt Luft unter anderem:

- Nutzung des Luftraums (Abstände, Flugflächen)
- An- und Abflugbereiche
- Wartebereiche vor dem Abwurf („Holdings“)
- Ansprache der Luftfahrzeuge.

Für größere bzw. längere Einsätze werden dafür immer geeignete Führungsmittel und ausgebildetes Personal mit den nötigen Kommunikationsmitteln benötigt.

Abb. 78 bis 81: Außenladeplatz mit Führungsmittel und Fachpersonal. (Fotos: Brust)

Die Umsetzung dieser Maßnahmen sollen im Folgenden beispielhaft anhand der Erfahrungen aus dem Waldbrand in der Sächsischen Schweiz im Juli und August 2022 dargestellt werden (vgl. SCHMID, 2023).

@fire hat hier in einer kritischen Einsatzphase den EA Luft zusammen mit verschiedenen Luftfahrzeugbetreibern betrieben. Dabei war das Ziel, die erneute unkontrollierte Ausbreitung auf Grund sich erheblich verschlechternder Wetterbedingungen (steigende Temperaturen, sinkende Luftfeuchtigkeit und gleichzeitig auffrischender Wind und damit sogenannter „Red-Flag-Days“ entsprechend der 30-30-30-Regel) zu verhindern.

Der Fokus liegt zunächst auf der Darstellung der Führung zur Koordination der Luftfahrzeuge zur Brandbekämpfung. In einem weiteren Unterabschnitt wird dann in Analogie die Führung bei umfangreichem Lastentransport vorgestellt. Die Darstellungen gelten insbesondere für sehr große Schadenslagen, können aber in reduzierter Form auch auf kleinere Einsätze angewendet werden.

3.8.1 Führung Luftfahrzeuge zur Brandbekämpfung

Sicherheit, Effektivität und Effizienz

Zur Führung der Luftfahrzeuge zur Brandbekämpfung gibt es drei essenzielle Elemente um die Sicherheit, Effektivität („Das Richtige tun“) und Effizienz („Das Richtige richtig tun“) sicherzustellen.

1. Die EAL Luft sorgt mit ihrer Fachkenntnis für die Beratung des Einsatzleiters und daraus folgend die Festlegung der Strategie für den EA Luft. Zum Beispiel kann dies bedeuten, die Fokussierung der direkten Brandbekämpfung auf gewisse räumliche Einsatzabschnitte oder auch die Entwicklung einer Strategie zum Einsatz von Spezialkräften wie zum Beispiel luftmobiler Löschmannschaften oder Helitac-Crews (vgl. dazu Kap. 5). Die Strategie wird dann durch die EAL Luft in eine konkrete Planung überführt. Ebenso müssen die diversen logistischen Anforderungen bedient werden, wie z.B. Verpflegung und Betankung. Zur Kommunikation mit den Boden- und Luftkräften können hier entsprechende Führungsassistenten (FüAss) entsprechend der DFV Fachempfehlung Luftfahrzeugeinsatz (vgl. Kap. 2.10 und DFV, 2022) einzusetzen. Insbesondere der FüAss Luft kann hierbei durch die Luftfahrzeugbetreiber gestellt bzw. unterstützt werden, um deren Fachexpertise zu

integrieren und die Betreiber aktiv in die Gesamtstruktur einzubinden.

2. Der Luftkoordinator (LKO) bekommt von der EAL die Planung und daraus abgeleitete Aufträge mitgeteilt. Gerade bei großräumigen Schadenslagen ist es zielführend, hier auch mit Hilfe der Auftragstaktik zu agieren, um dem LKO bei der Umsetzung ausreichend Spielraum zu lassen. Damit kann dieser auf Grund dynamischer Lageentwicklung eigenständig innerhalb des Auftrages reagieren. Es ist sehr hilfreich, wenn der LKO dabei an Bord eines Luftfahrzeuges inkl. Kamerasystem eingesetzt wird, z.B. der Landespolizei. Dadurch erhält er einen guten Überblick über die Gesamtlage und kann dynamisch die Priorisierung der Luftfahrzeuge vornehmen und ein entsprechendes Feedback auf die erfolgten Löschwasserabwürfe geben. Der LKO stellt somit auch „das fliegende Auge" der EAL Luft dar und dient der kontinuierlichen Lageerkundung und -beurteilung. Es ist dabei essenziell, dass der LKO nicht nur über das notwendige Wissen aus dem Bereich der Luftfahrt verfügt, sondern ebenfalls ausreichend Kenntnisse über die Beurteilung von Vegetationsbränden verfügt, um insbesondere das Ausbreitungsrisiko und damit die Prioritäten richtig einschätzen zu können.
3. Der Taktische Abwurfkoodinator (TAK) wird lokal im Bereich der Löschwasserabwürfe eingesetzt und erhält seine Aufträge vom FüAss Boden aus der EAL Luft. Er ist für die Sicherheit der ggfls. im Bereich der Wasserabwürfe tätigen Einsatzkräfte verantwortlich und stimmt das genaue Ziel mit der am Boden verantwortlichen Führungskraft (z.B. Zugführer) ab. Dieses Ziel inkl. der benötigten Abwurfcharakteristik stimmt er mit den Luftfahrzeugen und dem LKO ab. Ebenso gibt er eine Rückmeldung zu den erfolgten Abwürfen, um somit die Effektivität und Effizienz sicherzustellen. Dies ist essenziell, da z.B. bei geschlossenem Blätterdach die Wirkung der Abwürfe am Boden vom LKO bzw. den Luftfahrzeugführern nicht erkannt werden kann. TAK's sind nach Möglichkeiten in jedem Einsatzabschnitt mit geplanten Löschwasserabwürfen zu installieren. In aller Regel wird es davon also mehrere geben.

Abb. 82 zeigt den taktischen Grundaufbau des EA Luft und seine Eingliederung in die Gesamtstruktur. Der LKO kann in diesem Kontext als Führer des UEA 3.1 „Flugeinsatz" angesehen werden. Die genannten FüAss sind Teil der EAL Luft und die TAK's sind als Bindeglied zwischen dem EA Luft und den Einsatzabschnitten am Boden anzusehen.

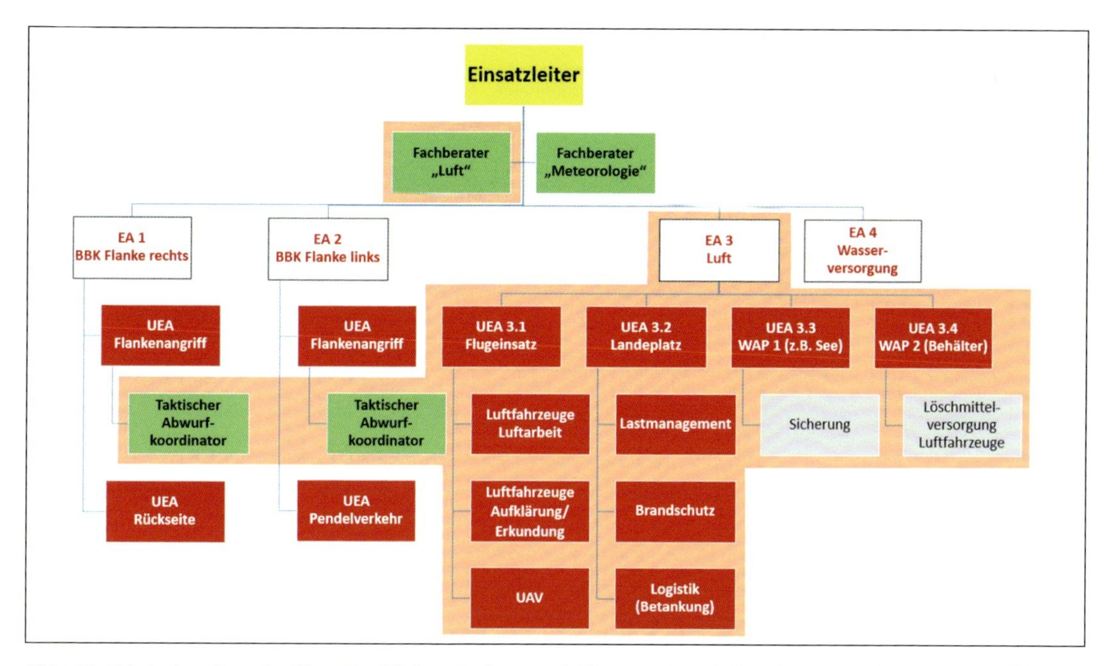

Abb. 82: Taktischer Grundaufbau. Farblich unterlegt sind alle Bereiche des Luftfahrzeugeinsatzes. (Grafik: Dr. Schmid)

Abb. 83 zeigt die schematische Darstellung der oben beschriebenen Organisations- und Kommunikationsstruktur von EAL Luft, LKO und TAK. Zur Kommunikation wurden hierbei eine Flugfunkfrequenz sowie 2 Digitalfunkgruppen im TMO-Modus verwendet.

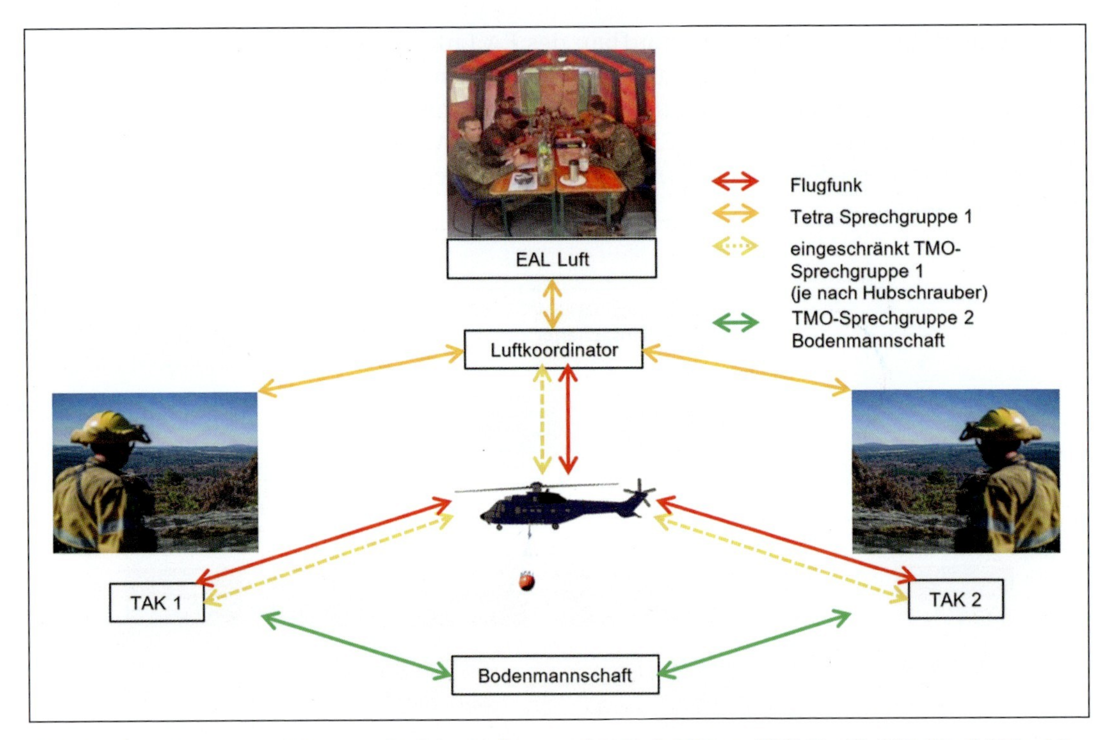

Abb. 83: Organisations- und Kommunikationsstruktur von EAL Luft, LKO und TAK (Grafik: Mittelbach/Schmid (@fire))

Auf Grund der großen räumlichen Ausdehnung der großen Anzahl an eingesetzten Luftfahrzeugen bei dem Einsatz in der Sächsischen Schweiz wurden hier zwei UEA gebildet.

Abb. 84 zeigt die räumliche Struktur der beiden Unterabschnitte inkl. der jeweiligen Wasseraufnahmepunkte (WAP) und der klaren Trennlinie zwischen beiden Abschnitten. Beide Abschnitte wurden dabei durch LKO geführt, wobei die Zuteilung der Luftfahrzeuge nach fliegerischen und taktischen Aspekten erfolgte.

UEA Nord

Der UEA Nord bestand aus 4 NH90-Hubschraubern der Bundeswehr und als LKO wurde ein SAR-Hubschrauber eingesetzt. Auf Grund der zufälligen feuerwehrtaktischen Ausbildung der SAR-Besatzung konnte diese ebenfalls die entsprechende Lagebeurteilung vornehmen und autark als LKO agieren. Die 4 NH90-Hubschrauber wurden als eine taktische Einheit „Verband Nord" bezeichnet und geführt.

UEA Süd

Im UEA Süd wurden 3 Super Puma der Bundespolizei und 2 eines privaten Betreibers als „Verband Süd" zusammen mit einer CH 53 der Bundeswehr, einer AS 350 des privaten Betreibers sowie einer EC135 der Landespolizei Sachsen mit einem LKO von @fire als ergänzendes Besatzungsmitglied zusammengefasst.

Sowohl der SAR-Hubschrauber als auch der Polizeihubschrauber verfügten dabei über entsprechende Kamerasysteme inkl. Infrarotkamera. Eine Bildübertragung vom Polizeihubschrauber in die EAL Luft wurde kontinuierlich dargestellt.

Lastentransport

Als weiterer Einsatzabschnitt wurde der Lastentransport im UEA Lastarbeit durch die Landespolizei Bayern zusammen mit den Flughelfern Bayern betrieben. Die genaue Struktur wird im folgenden Abschnitt beschrieben.

Für den LKO Süd und Nord wurden dabei separate Fluglevels festgelegt, sodass hier keine Kollisionsgefahr bestand und auch eine gegenseitige Unterstützung, z.B. während Tankpausen, unkompliziert möglich war.

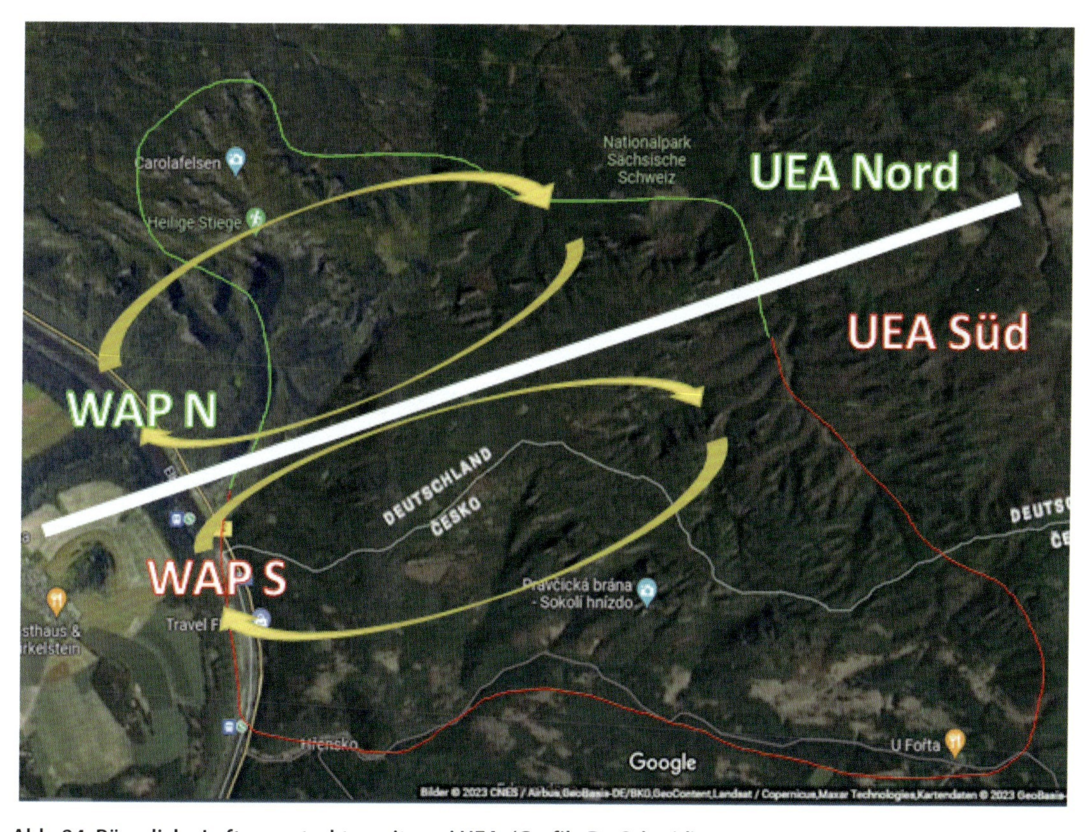

Abb. 84: Räumliche Luftraumstruktur mit zwei UEA. (Grafik: Dr. Schmid)

Durch die Unterteilung in Unterabschnitte sowie das Zusammenfassen von mehreren Luftfahrzeugen zu Verbänden ist es möglich, diese Vielzahl an Luftfahrzeugen klar strukturiert zu führen. Dabei ist dann auch eine akzeptable Führungsspanne („2-5er-Regel“) sichergestellt.

Die aktive und umfangreiche Einbindung der verschiedensten Beteiligten im EA Luft (Luftfahrzeugbetreiber, z.B. @fire, lokale Feuerwehren) inkl. der Aktivierung rückwärtiger Führungsunterstützung der Organisationen (z.B. Gefechtsstand des Landes- bzw. Kreisverbindungskommandos der Bundeswehr und die BAO der Bundespolizei) stellt hierbei sicher, möglichst viel und verschiedenste Fachexpertise zu nutzen. Ebenso kann insbesondere logistische Unterstützung (z.B. Sicherstellung der Betankung durch ausreichende Versorgung mit Betriebsmitteln) durch die rückwärtige Führungsunterstützung geleistet werden. Essenziell dafür ist allerdings eine kooperative Führung innerhalb der EAL Luft.

Bei derart umfangreichem Einsatz von Luftfahrzeugen ist es daher zu empfehlen, die EAL stabsmäßig aufzustellen, zu besetzen und mit entsprechenden Führungsmitteln auszustatten (vgl. Abb. 85).

Abb. 85: Stabsmäßige Führung im EAL Luft. (Foto: Dr. Schmid)

3.8.2 Führung Lastarbeit

Sobald das Logistikaufkommen am Lastaufnahme- und Lastablageplatz größer wird, muss ein Unterabschnitt an den Einsatzabschnitt Luft angekoppelt werden. Die personelle Besetzung zur Organisation kann in der Stärke einer erweiterten Gruppe stattfinden.

Es wird ein Gruppenführer mit entsprechenden Kenntnissen zum Flugdienst und über die Lastarbeit benötigt und der Arbeitsablauf muss entsprechend personell dargestellt werden.

Anforderung von Pumpen und Schlauchmaterial

Ein Beispiel hierfür ist die Anforderung von Pumpen und Schlauchmaterial aus einem Einsatzabschnitt. Dieser wird an den Einsatzabschnitt Luft weitergegeben, der den Auftrag an den Unterabschnitt Transportplatz übergibt.

Am Transportplatz wird das Material angeliefert. Dort muss es bezogen auf das Packmaß und das Gewicht vorbereitet werden. Eine entsprechende „Verpackung muss hergestellt werden“ z.B. Transport in einer Transportbox oder in einem Lastennetz.

Ein guter Flugauftrag erhält folgende Parameter:

- Art der Last
- Abholpunkt
- Absetzpunkt
- Verlängerung in xy Metern (insbesondere bei Lastablageplätzen in Waldgebieten, oder auf exponierten Berglagen ohne direkte Landemöglichkeit)
- Zuordnung zu einem für die Last effizienten Hubschrauber.

Um diese Arbeit sicher zu gewährleisten, kann die Gruppe wie folgt organisiert werden:

- Gruppenführer Flughelfer
- Führungsassistent Logistikannahme
- Führungsassistent Flugaufträge/Dokumentation
- Führungsassistent Transportplatzorganisation
- Funker VHF
- Funker BOS
- Transportleiter 1
  - Flughelfer 1
  - Lasthelfer 1
- Transportleiter 2
  - Flughelfer 2
  - Lasthelfer 2

Somit können jeweils zwei Trupps in Stärke 1/2 an der Maschine Lasten ein- und aushängen. Der Transportleiter koordiniert den Trupp, weist die Maschinen ein und sorgt für die Sicherheit.

Die Gruppe 1/11 kann je nach Aufgabe reduziert werden. Wird nur ein Hubschrauber benötigt, welcher mit einem Außenlastbehälter arbeitet, ist folgende personelle Besetzung ausreichend:

- Gruppenführer Flughelfer
- Transportleiter 1
  - Flughelfer 1
  - Lasthelfer 1

Dies wird insbesondere dann benötigt, wenn z.B. eine Schlauchbefüllung erfolgt. Details hierzu wurden bereits bei den Fähigkeiten des Bodenpersonals erläutert.

Eine entsprechende Kommunikationsausstattung ist Voraussetzung für den sicheren Flugbetrieb.

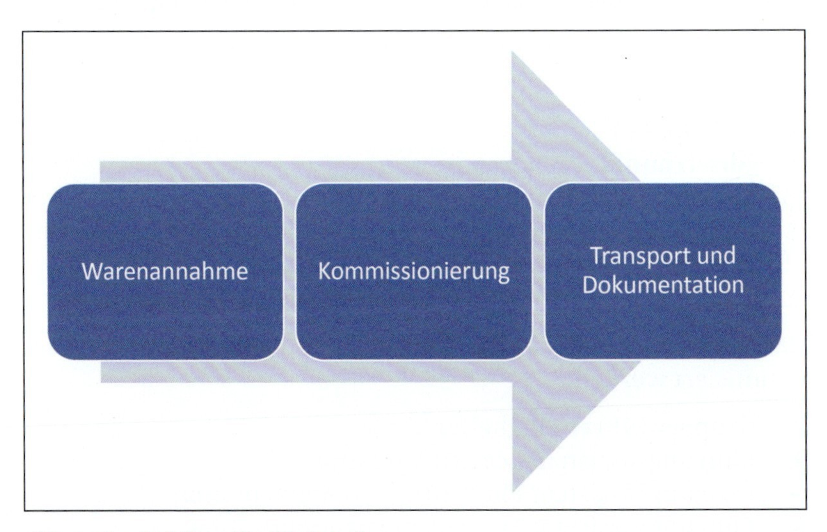

Abb. 86: Logistikfluss (Grafik: Brust)

Dokumentation

Nur bei geeigneter Dokumentation kann ein Rücktransport aus dem Einsatzgebiet erfolgen. Dies kann bei gerade wichtiger Ausrüstung einsatzentscheidend sein, z.B. leere Kraftstoffkanister, defekte Feuerlöschkreiselpumpen, genutzte Thermophoren, da diese für den laufenden Einsatz fortlaufend benötigt werden.

Abb. 87: Organisation der Lastarbeit am Aufnahmeplatz. (Foto: Brust)

3.9 Wasseraufnahme

Allgemeine Hinweise zu den Wasserentnahmestellen wurden bereits im Kap. 2.1.6 angesprochen. Die Auswahl geeigneter offener Wasserentnahmestellen oder der Schaffung alternativer Wasseraufnahmepunkte ist von folgenden Faktoren abhängig:

- Entfernung zum Einsatzort
- Geeignete An- und Abflugbereiche
- Größe und Tiefe des Gewässers
- Bewuchs des Gewässers
- Gefahren und Hindernisse im Wasser
- Gefahren und Hindernisse um das Gewässer
- Schaulustige / Personen um die Aufnahmestelle
- Notlandeflächen
- Freigaben zur Nutzung erforderlich?
- Zuwegungen zum Gewässer und zu den Notlandeflächen
- Einsatz von Löschmittelzusätzen
- Wasseraufnahmeeinrichtung des Luftfahrzeuges

Hierbei ist zu beachten:

Das bewusste Überfliegen von mehreren Personen und/ oder bebautem Gebiet ist nicht zulässig!

Die Wasser-/Lastaufnahme ist die kritischste Phase im Einsatz von Luftfahrzeugen, bei der die Gefahr von Zwischen- oder Unfällen mit am größten ist.

Eine entsprechende Absicherung der Wasseraufnahmestellen, Bereitstellung von Rettungskräften (ggf. mit Booten) und Ausweisung von Notlande- und Notlastabwurfflächen ist somit unabdingbar.

Aus den Erfahrungen der vergangenen Einsätze hat sich als Anhalt für einen effektiven Löscheinsatz mit einem Luftfahrzeug mit 2.000 l ALB folgendes Entfernungs- und Umlaufzeitenlineal ergeben:

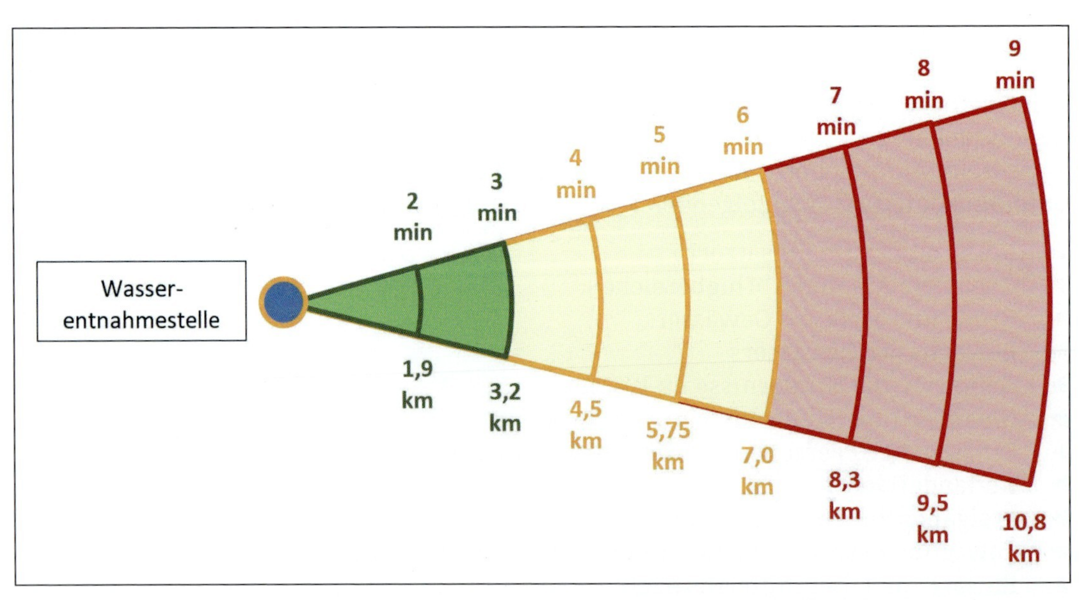

Abb. 88: Entfernungs- und Umlaufzeitenlineal von der Löschwasserentnahmestelle zum Einsatzort unter Berücksichtigung eines effektiven direkten Löschangriffes (grün-gelb). (Quelle: Otte)

Da je nach Intensität (Brennstoff, Gelände, Wetter) und Ausbreitung des Feuers die Effektivität und der Mittelansatz variieren, ist dieses Werkzeug lediglich ein Hilfsmittel für die erste Einsatzplanung, für die anfängliche Bewertung einer Löschwasserentnahmestelle und die erste Anzahl der anzufordernden Einsatzmittel.

Das Lineal ist auf ein Luftfahrzeug, speziell Hubschrauber, mit 2.000 l Löschwasser (u.a. AS332 Super Puma, NH 90) ausgelegt, welches die Feuerlinie direkt bekämpfen soll. Die farbigen Bereiche verschieben sich bei kleineren (z.B. 800 l, früher rot) bzw. größeren (z.B. 5.000 l, weiter grün und gelb) ALB Füllmengen oder durch den Einsatz weiterer Luftfahrzeuge, da dadurch die Umlaufzeiten pro Luftfahrzeug verkürzt werden. So sollten z.B. ab 7 km bzw. 6 min Umlaufzeit bereits zwei Luftfahrzeuge mit 2.000 l ALB eingesetzt werden, wohingegen ein 5.000 l ALB noch mit einem Luftfahrzeug ausreichend ist. Bei ALB mit 800 l Inhalt zeigt sich hingegen, dass fünf bis sieben Luftfahrzeuge für einen effektiven Einsatz nötig wären, was die Effizienz der kleinen Luftfahrzeuge für diesen Einsatzzweck bei bereits mittlerer Feuerausbreitung in Frage stellt.

Das folgende Bild des Lineals auf einer Einsatzkarte verdeutlicht die Ausführungen:

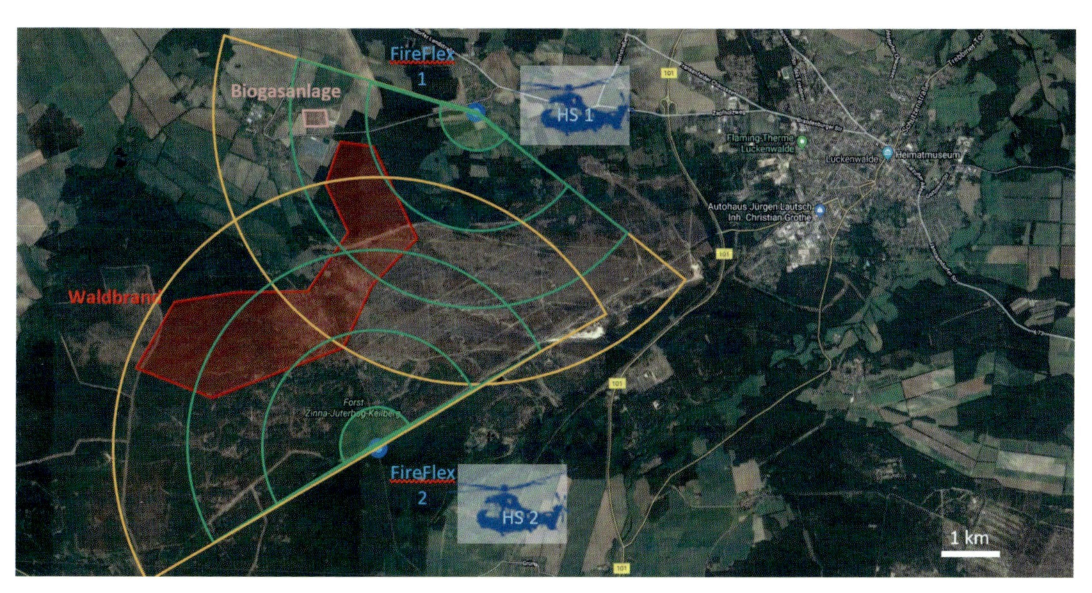

Abb. 89: Nutzung des Entfernungs- und Umlaufzeitenlineals an einem praktischen Beispiel anhand einer ausgedehnten Waldbrandlage. Durch die Nutzung von mobilen Behältern (vgl. Kap. 3.9.2) zur Wasserentnahme durch die Hubschrauber sind die Wasserentnahmestellen nah genug am Einsatzort, so dass die Umlaufzeiten kurz gehalten und so jeder Bereich des Brandes mit dem 2.000 l ALB effektiv bekämpft werden kann. Ferner wird deutlich, bis wohin die Luftfahrzeuge alleine eine Entnahmestelle nutzen können und ab wann sie sich die nächstgelegene Entnahmestelle teilen sollten. (Grafik: Otte)

3.9.1 Wasseraufnahme aus offenen Gewässern

Offene Wasserentnahmestellen

Als offene Gewässer kommen vielseitige Möglichkeiten in Betracht:

- Seen
- Talsperren (keine Trinkwassereinzugsgebiete) oder Pumpspeicherbecken
- Flüsse und Kanäle
- Freibäder, Pools, Regenauffangbecken

Durch die unterschiedliche Beschaffenheit der ALB sind einheitliche Vorgaben zur Tiefe und räumlichen Gestaltung der offenen Wasserentnahmestellen schwierig. Generell gilt:

- Ausreichend hindernisfreie und unbebaute Fläche zum An- und Abflug
- verfügbare Notlande- und Notabwurfflächen in unmittelbarer Nähe
- keine Unterwasserhindernisse
- möglichst geringer Bewuchs im Wasser
- Sperrung der Wasserfläche für Verkehr jeglicher Art (Auswirkungen für Berufsschifffahrt beachten)

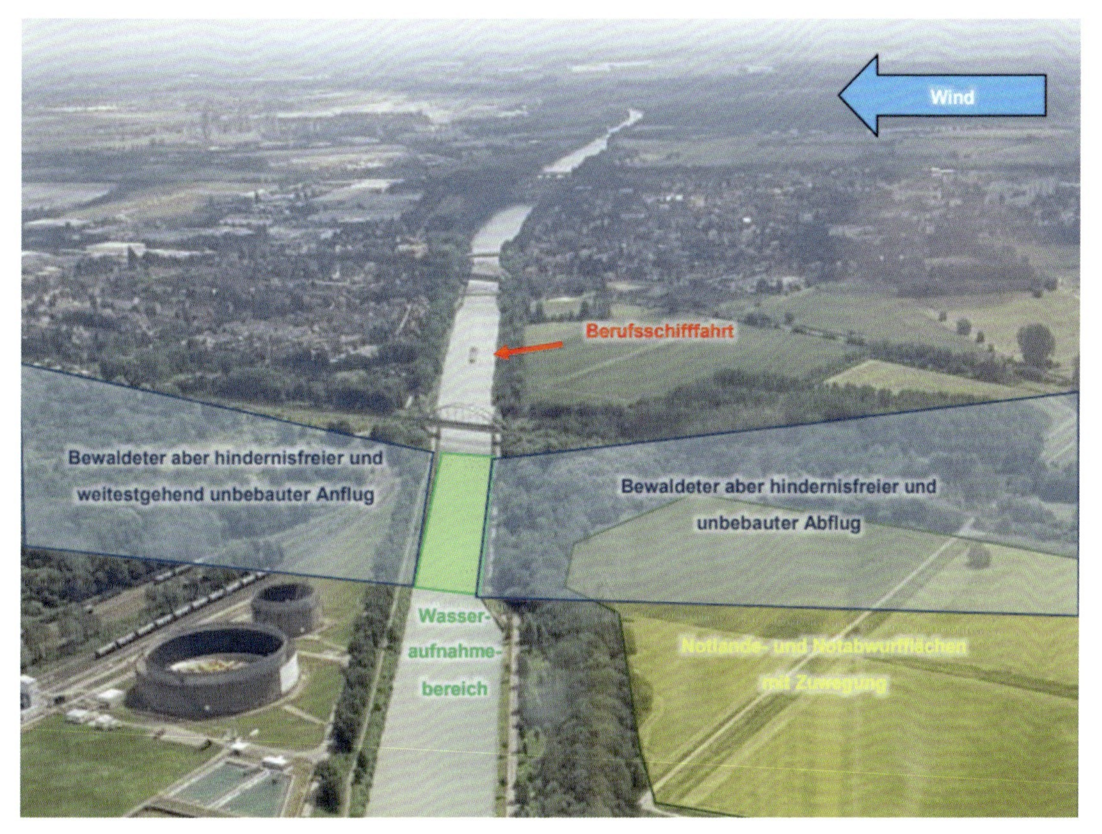

Abb. 90: Darstellung einer offenen Wasserentnahmestelle mit den notwendigen Flächen aus einem Kanal mit Berufsschifffahrt. Hierbei ist eine enge Absprache mit der Wasserschutzpolizei sowie dem zuständigen Wasser- und Schifffahrtsamt zwecks Sperrung der Wasserstraße notwendig. An- und Abflug finden grundsätzlich gegen den Wind statt, so dass sich ändernde Windbedingungen eine geeignete Wasserentnahmestelle auch ungeeignet werden lassen können. (Grafik: Otte)

Vorteile von offenen Wasserentnahmestellen:

- Bei Seen, Talsperren, Flüssen und Kanälen grundsätzlich ausreichend Löschwasser verfügbar.
- Können von mehreren Luftfahrzeugen, bei ausreichender Größe auch zeitgleich genutzt werden.
- Benötigen keine separate Wasserversorgung.
- Der Wasseraufnahmevorgang mittels ALB ist in ca. 30–60 Sekunden abgeschlossen.
- Bei ausreichend großen Wasserflächen sind diese zum „scooping“ durch Löschflugzeuge geeignet.

Nachteile:

- Weiträumig zugänglich für Schaulustige.
- Von Wassersportgeräten, Wassersportlern und der Schifffahrt genutzt.
- Wassergestützte Rettungskräfte sowie weiträumige Absperrmaßnahmen nötig.
- Unterwasserhindernisse und Bewuchs oft unbekannt.
- Strömungen bei Flüssen.
- Füllstand kann witterungsbedingt variieren (Dürre, Hochwasser).
- Feste Entfernung zur Einsatzstelle.
- Je nach Umfeld können geeignete Stellen bei ungünstigen Windverhältnissen ungeeignet werden.
- Zumischung von Löschmittelzusätzen nur sehr aufwendig durch erneutes Absetzen an Land oder (ferngesteuert!) ALB-seitig möglich.
- Ggf. werden Gegenstände (z.B. Steine) mit aufgenommen, die dann beim Abwurf zur Gefährdung für Bodenkräfte werden können oder sich in den beweglichen Teilen der ALB verklemmen (vgl. Abb. 58).

3.9.2 Wasseraufnahme aus mobilen Behältern

Mobile Behälter

Für die Wasserentnahme sollten die Behälter ausreichend groß dimensioniert sein, so dass der ALB ganz eintauchen kann. Als Anhaltswert kann hier die 1,5-fache Höhe des ALB als Höhe für den Flextank angenommen werden. Somit ist sichergestellt, dass der ALB ausreichend tief eintauchen kann. Das Fassungsvermögen des Behälters sollte mindestens das 10-fache des ALB-Volumens betragen, da sonst pro Umlauf der Füllstand zu weit absinkt. Um eine ideale Größe zu bestimmen, ist es notwendig, sich festzulegen, welche Hubschraubertypen bzw. damit auch ALB-Typen damit bedient werden sollen. Für kleinere ALB z.B. der Landespolizei reichen sicherlich Behältergrößen von 15 m³ bis 20 m³ aus. Für die ALB der Bundespolizei (Super Puma) bzw. Bundeswehr (NH90) haben sich Behältergrößen von 30 m³ bis 50 m³ als gut geeignet erwiesen. Kleinere Behälter bieten den Vorteil, dass sie schneller zu befüllen und damit schneller einsatzklar sind. Größere Behälter brauchen somit mehr Zeit zur Befüllung, können jedoch auch von größeren oder mehr Hubschraubern genutzt werden.

Die optimale Lösung hängt somit von den örtlichen Gegebenheiten und dem Planungsszenario inkl. einem Aufwachsen der Lage und damit dem Eintreffen mehrerer bzw. größerer Hubschrauber ab. Ggfls. müssen dann weitere oder größere Behälter angefordert und aufgebaut werden.

Bei der Befüllung der mobilen Behälter ist in Abhängigkeit der Umlaufzeiten und Entnahmemengen eine ausreichende Zufuhr an Löschwasser zu gewährleisten. Folgende Tabelle kann hierbei bei der Berechnung der Zuflussmengen helfen:

Tabelle 5: Entnahmemengen durch ALB pro Umlauf in Abhängigkeit der Umlaufzeit für die benötigte Zuflussmenge an Löschmittel in l/min. (Tabelle: Otte)

	Entnahmemengen pro Umlauf					
Umlaufzeit	**400 l**	**800 l**	**1.000 l**	**2.000 l**	**3.000 l**	**5.000 l**
1 min	400 l/min	800 l/min	1.000 l/min	2.000 l/min	3.000 l/min	5.000 l/min
2 min	200 l/min	400 l/min	500 l/min	1.000 l/min	1.500 l/min	2.500 l/min
3 min	133 l/min	266 l/min	333 l/min	666 l/min	1.000 l/min	1.666 l/min
4 min	100 l/min	200 l/min	250 l/min	500 l/min	750 l/min	1.250 l/min
5 min	80 l/min	160 l/min	200 l/min	400 l/min	600 l/min	1.000 l/min
6 min	66 l/min	133 l/min	166 l/min	333 l/min	500 l/min	833 l/min
7 min	57 l/min	114 l/min	142 l/min	285 l/min	428 l/min	714 l/min
8 min	50 l/min	100 l/min	125 l/min	250 l/min	375 l/min	625 l/min
9 min	44 l/min	88 l/min	111 l/min	222 l/min	333 l/min	555 l/min

Die Zumischung von Löschmittelzusätzen kann direkt im Behälter mittels Messbecher oder anderer Dosierhilfe erfolgen. Die Zumischung von Netzmittel (0,1–0,3 % Schaummittel) kann darüber hinaus über eine Druckzumischanlage oder Zumischer mit Reduktionsaufsatz erfolgen. Zu beachten ist allerdings, dass ggf. Reste des Löschmittels im Faltbehälter oder Flextanks zum Einsatzende zur Entsorgung anfallen.

Mobile Behälter sollten immer einigermaßen waagrecht aufgestellt und gesichert werden, um Schäden zu vermeiden!

Vorteile mobiler Behälter:

- Können nahe am Einsatzort betrieben werden und verkürzen somit die Umlaufzeiten erheblich.
- Können auf optimalen Flächen zur Wasseraufnahme aus der Luft betrieben werden.
- Können mit Löschmittelzusätzen versehen werden.
- Grundsätzlich sind keine großen Fremdkörper im Wasser zu erwarten.
- Können sowohl zur Wasserentnahme als zur Pufferung genutzt werden.
- Starre Behälter können auch aus der Luft gut befüllt werden.
- Ermöglichen die Wasserentnahme auch in Trinkwassereinzugsgebieten (Talsperren).
- Können in Bedarfsfall verlegt werden.
- Können über Plattformen auch auf Schrägen abgestellt werden.

Nachteile:

- Flextanks eignen sich nur bedingt zur Befüllung aus der Luft.
- Eine ausreichend dimensionierte Wasserzufuhr muss gewährleistet und an der Wasserentnahme (Umlaufzeit) flexibel ausgerichtet sein.
- Hoher Betriebsaufwand (Material und Personal) notwendig.
- Entnahme aus der Luft ist direkt nur durch Hubschrauber möglich.

Abb. 91: Über Unterbauplattformen können auch darauf passende mobile Behälter ohne Höhenausgleich abgestellt werden – oder Lasten einfacher ein- bzw. ausgeladen werden. (Foto: Dr. Cimolino)

- Befüllung des ALB dauert ggf. 1–2 min, je nach Erfahrung des Piloten, da die Öffnung der Behälter vergleichsweise klein sind.
- Für die Befüllung v.a. kleinerer Behälter mit weniger geübten Luftfahrzeugbesatzungen bzw. Luftfahrzeugen ohne Spiegel für die Außenlast bzw. in schwierigem Gelände sollten Flughelfer als Einweiser am Boden zur Verfügung stehen.

3.9.2.1 Faltbehälter bzw. Flextanks

Faltbehälter/
Flextanks

Faltbehälter oder Flextanks sind vielseitig einsetzbar. Sie können entweder als Wasserentnahmestelle oder auch als Pufferspeicher im Einsatzraum eingesetzt werden. Flextanks als Pufferspeicher lassen sich mittels Pumpe sehr gut, jedoch mittels Hubschrauber nur bedingt befüllen, da sie leer sehr instabil sind und vom Downwash zugedrückt werden können. Hierfür eignen sich eher starre Lösungen. Ihr großer Vorteil liegt darin, dass sie relativ dicht an der Einsatzstelle aufgebaut (Umlaufzeiten) und mit Löschmittelzusätzen versehen werden können.

Abb. 92: Der Pufferbehälter wird anschließend über einen Bambi Bucket an einem AS 332 Superpuma der Bundespolizei aus der Luft befüllt und das Wasser mit einer kleinen TS und dünnen Schläuchen ins Einsatzgebiet gefördert. (Foto: Dr. Cimolino)

Abb. 93 und 94: Flextank mit 35.000 l Fassungsvermögen mit Netzmittel befüllt. (Fotos: Otte + Polizei Brandenburg)

Abb. 95: Mindestens auf felsigem oder steinigem Untergrund muss eine Schutzplane (hier in blau erkennbar) untergelegt werden, um Schäden am mobilen Behälter zu vermeiden. Der Übungsort ist hier in exponierter Lage auf einem schmalen Felsgrat bei Tolmezzo (Italien). Zusätzliche Sicherungsmaßnahmen für Geräte und Personal sind hier erforderlich! (Foto: Dr. Cimolino)

Abb. 96: In exponierten Lagen kann es auch erforderlich sein, praktisch alle Gegenstände – und auch Einsatzkräfte – gegen Absturz zu sichern. Das entsprechende Sicherungsmaterial muss dann ggf. mit eingeflogen werden – und sollte vorbereitet sein. (Foto: Dr. Cimolino)

3.9.2.2 Starre mobile Behälter

Starre mobile Behälter

Vereinzelt werden auch in Deutschland mobile Behälter mit starren Wänden genutzt. Dies sind entweder mehr oder weniger dafür vorgesehene und nach oben offene Abrollbehälter der Feuerwehren oder behelfsmäßig dafür vorgesehene Abrollbehälter (z.B. AB für eKFZ) oder Container aus der Wirtschaft.

Sie sollten wasserdicht sein und auch (leer!) mit entsprechend leistungsfähigen Hubschraubern verflogen werden können.

Sie dürfen an den Innenseiten keine Haken oder Ösen haben, an denen die ALB oder deren Anschlagseile hängenbleiben können!

Abb. 97: Starre Behälter als Pufferspeicher, einer wird gerade zusätzlich eingeflogen, der andere ist schon in Betrieb. (Foto: @fire)

Das Heliskid der Fa. Vallfirest ist eine Kombinationslösung aus flexiblem Behältermaterial, festem Untergestell mit Höhenausgleich und dort eingebauter Pumpe. Es eignet sich gut für den Erstschlag über eine luftmobile (Helitak-)Einheit, weil der Aufbau schneller geht als mit mehreren Außenlasten mit Behälter, Pumpe, Zubehör usw. Es kann aber nicht sinnvoll mit großen Hubschraubern befüllt werden.

Abb. 98: (Halb-)starrer[1] Behälter des Heliskid (mit eingebauter Pumpe) mit Geländeausgleich der Fa. Vallfirest. (Foto: Dr. Cimolino)

Abb. 99: Fester Behälter der Tiroler Feuerwehren mit Höhenausgleichsmöglichkeit an den Stützen. (Foto: Dr. Cimolino)

Abb. 100: Fester Behälter in Segmentbauweise für größere Wassermengen. Dieser kann nicht mehr am Hang aufgestellt werden. (Foto: Dr. Cimolino)

[1] „Halbstarr“ weil der Boden fest und fixiert im Rahmen ist, während die Wände innerhalb des Gestänges flexibel sind, um die Packmaße kleiner halten zu können.

3.9.3 Befüllung des ALB mittels Schlauchleitung

Vorteile der Schlauchbefüllung

Die Schlauchbefüllung von ALB ist hochflexibel und kann insbesondere in der Anfangsphase des Einsatzes schnell realisiert werden (z.B. aus TLF). Da es sich hierbei jedoch um eine Außenlastaufnahme handelt und ein gewisses Gefährdungspotenzial durch die Arbeit unter dem schwebenden Hubschrauber gegeben ist, wird für dieses Verfahren speziell ausgebildetes Personal (Flughelfer) benötigt (vgl. *DGUV Information 214-911*).

Abb. 101: Befüllung eines ALB mittels Schlauch. (Quelle: Bundeswehrfeuerwehr)

Ein weiterer Vorteil der Schlauchbefüllung liegt im ALB-Wechselverfahren bei der Nutzung starrer ALB. Hierbei wird vorab ein ALB am Boden befüllt bereitgestellt. Der Hubschrauber fliegt mit einem leeren ALB an und setzt diesen ab. Flughelfer hängen nun den leeren Behälter aus und den gefüllten in den Lasthaken des Hubschraubers ein, so dass dieser unmittelbar wieder steigen kann. Der leere Behälter wird nach Abflug des Hubschraubers wieder befüllt. Hierdurch können zusätzlich sehr kurze Wasseraufnahmezeiten erreicht werden. Dieses Verfahren eignet sich besonders bei großen ALB (z.B. 5.000 l SEMAT), da die Befüllzeiten im Schwebeflugverfahren so minimiert werden können. Gleichzeitig wird so die Verweilzeit über dem Landeplatz verkürzt und der Treibstoffverbrauch minimiert!

Spezielle Füllrohre ermöglichen eine gute Handhabung und die effektive Nutzung der normierten Leistungen von Feuerlöschkreiselpumpen.

Abbildung 102 zeigt ein solches Verfahren. Der rechte Behälter ist leer und wird gerade abgestellt, der linke ist bereits mit Wasser gefüllt. Nach dem Abstellen des Behälters wird der Hubschrauber zum anderen Behälter schweben, der dann von den Flughelfern eingehängt wird.

Abb. 102: Behälterwechselverfahren (Quelle: FF München)

Vorteile Schlauchbefüllung:

- Schnell einsatzbereit, insbesondere in der Anfangsphase (ein TLF und zwei Flughelfer reichen aus)
- Kann nahe am Einsatzort betrieben werden und verkürzt somit die Umlaufzeiten erheblich
- Kann auf optimalen Flächen zur Wasseraufnahme aus der Luft sowie an Flugplätzen betrieben werden
- Befüllung kann mit Löschmittelzusätzen erfolgen
- Grundsätzlich sind keine großen Fremdkörper im Wasser zu erwarten
- Große, starre Behälter können im Wechselverfahren betrieben werden
- Ermöglichen die Wasserentnahme auch in Trinkwassereinzugsgebieten (Talsperren)
- Ermöglicht die Nutzung kleiner Gewässer durch den Einsatz von Flachsaugkörben oder durch das Aufstauen des Gewässers

- Schlauchbefüllung bis zu einer Behältergröße von 2.000 Liter im Schwebeflugverfahren effektiv (Füllzeit unter 1 Minute)
- Können jederzeit verlegt werden

Nachteile:

- Ausgebildete Flughelfer zum Betrieb notwendig
- Eine ausreichend dimensionierte Wasserzufuhr muss bei längerem Betrieb über die Anfangsphase hinaus gewährleistet sein.
- Befüllung des ALB dauert je nach Größe des ALB mehrere Minuten, wenn kein Wechselverfahren möglich ist.

3.10 Löscheinsatz aus der Luft

Außenlastbehälter oder integrierte Wassertanks

Mittels Außenlastbehältern am Hubschrauber oder integrierten Wassertanks in Flugzeugen oder fest angebauten Behältern an Hubschraubern kann Wasser oder Löschmittel (Netzmittel, Gelbildner, Retardant) direkt auf den Brand ausgebracht werden. Regelmäßig wird man sich hierbei auf die Flanken konzentrieren, um das Feuer zur Front hin abzuschnüren. Ein Löschen direkt an der Feuerfront ist durch die starke Rauchentwicklung in dem Bereich meist nicht möglich.

Darüber hinaus kann durch das Ausbringen von Brandhemmern (Retardant) oder das Befüllen von Behältern (Pendeln) aus der Luft auch ein indirekter Löschangriff erfolgen.

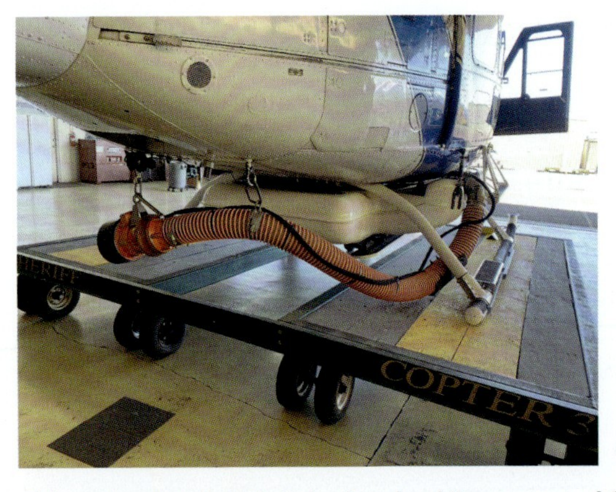

Abb. 103 und 104: Auch Hubschrauber können am Luftfahrzeug (außen) montierte Behälter haben („Bellytank"), die über eingebaute Pumpen und einen schwenkbaren Rüssel befüllt werden. Hier sowohl an einer Bell 412 wie auch an einer Firehawk des Santa Barbara County Fire Dep. (Fotos: Dr. Cimolino)

Aufgrund der Spezialität dieser Maßnahmen sowie ihrer vielseitigen Facetten, Vorzüge und Risiken, wird der Löscheinsatz aus der Luft im Kapitel 4 gesondert betrachtet.

Auch in anderen Ländern wird mit ausgebildetem Unterstützungspersonal am Boden (Flughelfern) gearbeitet.

Abb. 105 und 106: In den Niederlanden führt ausschließlich die niederländische Luftwaffe (Luchtmacht) die Brandbekämpfung aus der Luft durch. Die Flughelfer (MAOT) kommen vom Militär, die Zusammenarbeit mit diesen am Boden und in der Führung erfolgt durch speziell ausgebildetes Feuerwehrpersonal. Ein Team dieser MAOT übt hier mit der CH-47. (Fotos: Ramon Wenink Aerial Photography und Dr. Cimolino)

Abb. 107 und 108: Österreichische Flughelfer arbeiten wie die bayerischen – sie waren ja auch deren Vorbild… (Foto: DI Christian Mlinar)

3.11 Personentransport

Transport bzw. Evakuierung

Der Transport von Einsatzkräften sowie zu evakuierenden Personen erfolgt grundsätzlich als Passagiere (PAX) auf dafür vorgesehenen Sitzen mit entsprechenden Sicherungseinrichtungen (Anschnallsysteme), vergleichbar mit einem Linienflug. Die hierzu verwendeten Luftfahrzeuge sind für diesen Zweck angefordert und ausgerüstet worden. Auch Personen, die mittels Winde in den Hubschrauber gewincht wurden, werden auf den dafür vorgesehenen Sitzen angeschnallt transportiert. Der Hintergrund hierzu ist, dass die Sitze selbst Teil des Sicherheitssystems im Falle einer harten Landung bzw. Absturz des Hubschraubers sind. Bei einem Personentransport auf dem Boden ist dies somit nicht mehr vorhanden, was in den beschriebenen Fällen zu einer erhöhten Verletzungsgefahr führen kann.

Der Personaltransort unterscheidet sich hier vom Rettungseinsatz dadurch, dass alle Beteiligten noch über ausreichende körperliche und geistige Fähigkeiten verfügen, um z.B. den Einstieg in den Hubschrauber selbstständig, ggfls. unter Anleitung von entsprechend ausgebildeten Spezialisten, durchführen zu können.

Ausnahmen von dieser Beförderungsform liegen bei ausgebildeten Air Rescue Specialists (ARS) oder Helicopter Hoist Operators (HHO) vor, welche als Crewmitglieder auch mittels einer gesonderten Sicherung ohne Sitze im oder am Hubschrauber (ggf. auch mit Patienten) transportiert werden können.

Andere Formen des Transportes, die durchaus in den Medien in der Vergangenheit zu sehen waren, erfolgten zur Abwehr von Gefahren für Leib und Leben in unvorhersehbaren Katastrophenlagen und sind nicht als Standard anzusehen. Über eine solche absolute Ausnahme entscheidet der verantwortliche Luftfahrzeugführer (PIC) und übernimmt damit die Verantwortung für die Abweichung vom Standard. Auch hierbei ist trotz allen Umständen eine Sicherung im Luftfahrzeug, z.B. mit entsprechenden Gurten an Anschlagösen, anzustreben.

Abb. 109: In Hubschraubern müssen die transportierten Personen ordnungsgemäß sitzen oder richtig gesichert werden. (Foto: @fire)

Abb. 110: Ausgebildetes Personal weiß, wie man sich sicher auch mit Ausrüstung an Hubschrauber annähert und wie man diese wieder verlässt! (Foto: @fire)

3.12 Außenlasteinsatz und Materialtransport

Vorgaben für den Außenlasteinsatz und Materialtransport sind in der *DGUV Information 214-911 „Sichere Einsätze von Hubschraubern bei der Luftarbeit“* umfassend beschrieben, so dass diese Publikation für detaillierte Informationen absolut lesenswert ist.

Für den Außenlasteinsatz sind Außenlande- und davon getrennte Lastaufnahmeplätze einzurichten und abzusichern. Die Lastaufnahmeplätze sind mit ausgebildetem Personal (Flughelfer) und einem Einsatzleiter für den Außenlasteinsatz zu betreiben.

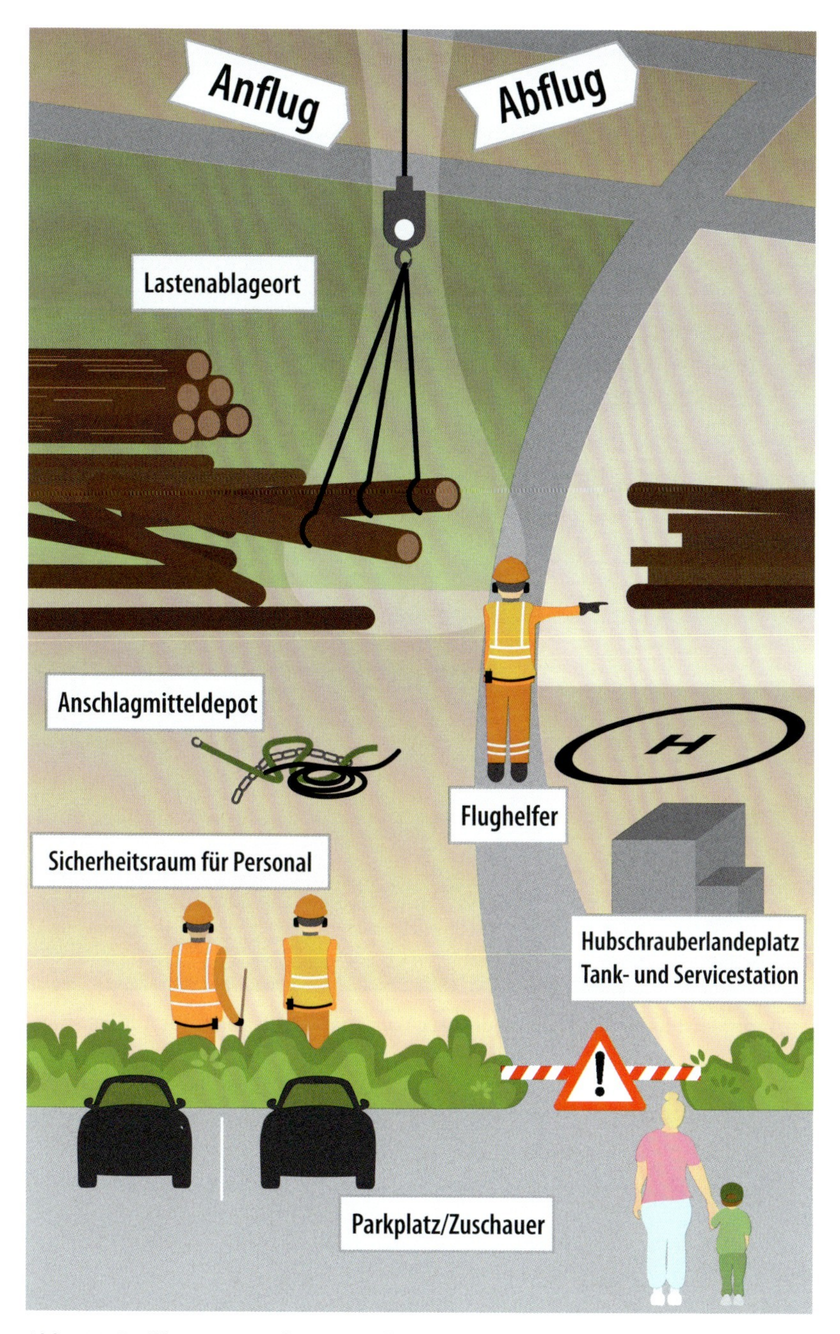

Abb. 111: Grafik zum Betrieb einer Außenstation für den Außenlastbetrieb.
(Quelle: ecomed-Storck)

Materialtransport über Außenlasten

Es ist hilfreich, den Materialtransport über Außenlasten vorbereitet zu haben. Dazu gehört

- die Vorhaltung notwendigen Gerätes,
- inkl. der zum Transport nötigen Behälter bzw. Netze und Gehänge (ggf. auch bei einem Unternehmer),
- die Wiegung der üblicherweise zu transportierenden Materialien, um zu wissen, welche Massen jeweils anliegen, um das dann passend zum Hubschrauber bzw. der Flughöhe (z.B. auf einen Berg) richtig zusammenstellen zu können,
- das Probepacken, um zu prüfen, ob die Ausrüstung in die Transportbehälter bzw. Netze passt.

Für den Wechsel der Außenlasten muss geeignetes Personal vorhanden sein. Es bietet sich an, das an definierten Stellen über Flughelfer machen zu lassen.

Abb. 112 und 113: Ausrüstungszusammenstellung am Außenladeplatz, vorgepackter Behälter für Außenlasten wird verflogen. (Foto: Brust)

Abb. 114: Loses Material kann sorgfältig gepackt auch in geeigneten Lastnetzen geflogen werden. (Foto: @fire)

Abb. 115: Mit ausreichend leistungsfähigen Hubschraubern ist der Transport von Personal, Löschwasser, Ausrüstung und Sondergeräten möglich. Hier ist in einem speziellen Transportnetz das Iron-Horse der FF Ottendorf, Sebnitz, Sachsen, für den Materialtransport am Boden ins unwegsame Gebiet verladen. (Foto: Hanswerner Kögler, Ottendorf)

Verlegen von Schläuchen

Eine besondere Herausforderung stellt das Verlegen von Schläuchen aus Behältern an einer Leine am Hubschrauber dar. Hier besteht, ähnlich wie beim Ziehen von Kabeln durch den Hubschrauber, eine direkte Verbindung zwischen Boden und Hubschrauber. Das erfordert besondere Fähigkeiten vom Luftfahrzeugführer und sehr sorgfältige Arbeit beim Packen der Boxen, weil unbedingt vermieden werden muss, dass der Schlauch oder eine Kupplung in der Box beim Verlegen hängenbleibt! Es spart aber viel Zeit und körperliche Anstrengungen beim Verlegen von Schlauchmaterial gerade am Berg und wird daher u.a. in Frankreich und Österreich so ausgeübt.

Abb. 116: Schlauchbox in Tirol zum Verlegen während des Fluges. (Foto: Dr. Cimolino)

3.13 Rettungseinsatz mit und ohne Winde

Der Einsatz von Winden zur Rettung von Personen ist nur mit damit ausgestatteten Luftfahrzeugen möglich, die dann auch mit dem dafür speziell ausgebildeten Personal ausgestattet sein müssen.

Das bedeutet: Ein Hubschrauber mit Winde, aber ohne ausgebildeten Operator dafür ist ein Hubschrauber ohne Winde!

Damit eine Rettung durchgeführt werden, kann gelten also immer folgende Voraussetzungen:

- Hubschrauber muss mit dem Rettungsmittel ausgestattet sein (Winde (engl. Winch) oder Fix-Seil)
- Ausgebildetes Personal muss vorhanden sein:
  - Windenoperator
  - Retter „am Haken“
- Das für die Lage bzw. den Zweck geeignete Rettungsmittel am Seil muss vorhanden sein (z.B. Rettungsschlinge, spezielle Tragen)
- Die Einsatzhöhe muss mit der Ausrüstung, dem Personal, dem Fluggerät inkl. dem zu erwartenden Transportgewicht sicher geflogen werden können. (Das ist v.a. ein Problem im Hochgebirge.)

Typischerweise sind damit Hubschrauber ausgerüstet, die im Rahmen der Bergrettung eingesetzt werden.

Abb. 117: Rettungshubschrauber mit Winde, Operator, Rettungsschlaufe am Seil; der Retter ist hier bereits mit entsprechender Schutzausrüstung im Wasser, daher wird die Schlaufe hier ohne Retter am Haken abgelassen. (Foto: Ehresmann, Wiesbaden)

4 Löscheinsatz aus der Luft

Löschen aus der Luft

Der Einsatz von Luftfahrzeugen zum Löschen aus der Luft ist für bestimmte Lagen so schnell wie möglich notwendig und praktisch unverzichtbar, um eine breite Schadenausweitung möglichst früh verhindern zu können.

Der Einsatz von Luftfahrzeugen zum direkten Löschangriff bei großflächigen Vollbränden im dichten Bestand oder Feuern im Boden ist dagegen i.d.R. nicht wirksam und sollte unterlassen werden. Ein indirekter Löschangriff kann jedoch eine zielführende Alternative darstellen.

Munitionsverdachtflächen

Beim Löschen über Munitionsverdachtflächen (UXO) gelten i.d.R. die gleichen Sicherheitsbereiche in der Luft, wie als Radius am Boden vom zuständigen Kampfmittelräumdienst verhängt wurde. Aus dem Kreis wird so eine Halbkugel (Hemisphäre) (vgl. zum Einsatz bei Munitionsverdacht ausführlich: CIMOLINO, 2019). Ausnahmen können nur vom Kampfmittelräumdienst ggf. nach Absprache mit den Piloten (spezieller geschützter Luftfahrzeuge) erlassen werden.

UXO-Flächen stellen eine zentrale Herausforderung für die Vegetationsbrandbekämpfung in Deutschland dar, auf denen regelmäßig mit Brandausbrüchen durch Munitionsreste zu rechnen sein wird und für deren sichere Bekämpfung spezielle Taktiken entwickelt werden müssen. Ein „brennen lassen" ist in Deutschland aufgrund der hohen Bebauungsdichte regelmäßig nicht möglich, da schnell Gefahren für Leib und Leben der Bevölkerung sowie für die Infrastruktur bestehen und sich diese ungehinderten Brände regelmäßig zu Katastrophenlagen auswachsen. Der indirekte Löschangriff mittels Brandhemmern kann hier eine mögliche Maßnahme aus der Luft darstellen, die in jedem Fall mit Maßnahmen am Boden zu kombinieren sein wird.

Im Folgenden sollen nun die grundlegenden Aspekte bei der Brandbekämpfung aus der Luft dargestellt werden.

4.1 Einflussfaktoren

Die konkrete Einsatztaktik für Luftfahrzeuge hängt von vielen Faktoren ab:

- Luftfahrzeugtyp und konkrete Leistung[1]
- Löschmittelsytem (Außenlastbehälter bzw. -typ mit Seillänge bzw. ein- oder angebaute Systeme)
- Flughöhe und -geschwindigkeit
- Zumischen von Netzmitteln bzw. Brandhemmern
- Topografie
- Wetter und Sicht
- Einfluss des Windes
- Ausbildungsstand der Besatzungen, insbesondere der Piloten
- Möglichkeiten zur Identifizierung der genauen Abwurfstelle
- Einweisung zur Abwurfstelle inkl. Trefferbild- und Korrekturkommunikation

Löschflugzeug/ -hubschrauber

Der wesentlichste Faktor ist der Luftfahrzeugtyp, gefolgt von den Löschmittelablasssystemen. Während der Unterschied zwischen einem Löschflugzeug (Löschmittel auf weite Flächen ausbringen) und einem Löschhubschrauber (kleinflächige und punktuelle bis hin zu weitläufiger Löschmittelausbringung) noch auf der Hand liegt, so sind die Vor- und Nachteile der verschiedenen Löschmittelablasssysteme bereits komplexer.

Der offensichtlichste Unterschied bei den Löschmittelablasssystemen liegt in der Menge des mitgeführten Löschmittels. Je mehr Löschmittel mitgeführt wird, desto eher eignet sich das Luftfahrzeug zur Brandbekämpfung auf weiten Flächen. Umgekehrt ist wenig Löschmittel eher für den punktuellen Einsatz gegen z.B. Spotfeuer oder kleine besonders intensiv brennende Flächen, um das Arbeiten am Boden im Anschluss wieder zu ermöglichen. Auch für den luftgestützten Pendelverkehr können die kleinen Buckets

[1] Das hängt beim Hubschrauber u.a. von der Kraftstoffmenge im Kraftstoffbehälter sowie von den sonst noch ein- bzw. angebauten Ausrüstungen ab.

unter Hubschraubern verwendet werden. Die Grenze kann hier bei 2.000 Litern gezogen werden, da diese Menge das Fassungsvermögen der kleinsten gängigen Löschflugzeuge (z.B. PLZ M-18 Dromader) darstellt.

Auslöse-
mechanismus

Ein weiterer Faktor bei den Löschmittelablasssystemen stellt der Auslösemechanismus dar. Je nach System können so Abwurfbild, -menge und -weite variiert werden oder variieren systembedingt. Diese Variationsmöglichkeiten sind hilfreich, um den Abwurf an das Brandgeschehen anzupassen und so eine größtmögliche Effizienz bei möglichst wenig Löschmitteleinsatz zu erreichen. Bei den Löschflugzeugen können dies Mehrklappensysteme sein (z.B. Canadair CL-215, -415 o.ä.) oder Ablasssysteme mit nur einer Ablassöffnung, die entweder einmalig geöffnet, geöffnet und geschlossen oder in ihrer Öffnungsstellung variiert werden kann. Bei Hubschraubern verhält sich dies ähnlich, wobei Mehrklappensysteme von externen Festtanks unter dem Hubschrauber (z.B. UH-60 FireHawk) in Deutschland nicht verbreitet sind. In Deutschland gängig sind die orangen Bambi Buckets sowie die starren SEMAT- und Smokey-Behälter. Bei diesen Behältern sind ebenfalls verschiedene Ventile (nur auf, auf und zu, stufenlos) und Sprühbildbeeinflusssysteme (z.B. Firesock am Bambi Bucket) verbaut, die sich auf das Abwurfbild auswirken. Zusätzlich können die Abwurfsysteme über Zumischanlagen für Netzmittel bzw. Brandhemmer verfügen, dürfen vorgemischte Löschmittel aufnehmen oder nur mit Wasser betrieben werden.

Abwurfbild, -menge und -weite können zudem durch Fluggeschwindigkeit und Abwurfhöhe beeinflusst werden, so dass zusätzlich auch bei eher starren Ventilen und besonders bei Hubschraubern eine Variationsmöglichkeit vorhanden ist.

Bereits an dieser Stelle zeigt sich, warum Erfahrung und Ausbildungsstand der Besatzung, der Piloten und der Taktischen Abwurfkoordinatoren ein einsatzentscheidender Faktor sein können. Piloten müssen im Einsatz wissen, welches Sprühbild sie in Abhängigkeit von Flugmanöver, Höhe und Geschwindigkeit erzeugen. TAK und HHO müssen diese Zusammenhänge kennen und das Luftfahrzeug entsprechend einsprechen und den Abwurf im Anschluss bewerten bzw. korrigieren. Dieses Zusammenspiel ist erfolgsentscheidend im Einsatz.

Neben den genannten Faktoren haben auch Wetter, Sicht und Topografie ihren Anteil. So ist im Bereich der Feuerfront meist eine so starke Rauchentwicklung gegeben, dass der Löschangriff auf diese mangels Sicht nicht möglich ist. Wind kann zudem eine Drift des Abwurfes erzeugen, so dass das Ziel ohne entsprechenden Vorhalt verfehlt werden kann (vgl. Abb. 118). Bestimmte topografische Gegebenheiten erschweren Flugmanöver oder machen sie gänzlich unmöglich (z.B. das Ablöschen einer engen, verwundenen Talsohle mittels Löschflugzeug).

Abb. 118: Windeinfluss beim Löschwasserabwurf (Foto: Ken Kistler, Santa Clarita)

1/3–2/3 Regel

Grundsätzlich gilt bei einem Abwurf von Löschmittel die „1/3–2/3 Regel". Der Abwurf muss so erfolgen, dass ca. 1/3 des Löschmittels im schwarzen Bereich und ca. 2/3 im davorliegenden unverbrannten Bereich treffen. Dies kühlt die bereits aufgeheizte aber noch nicht brennende Vegetation am Feuersaum, löscht kleinere Glutnester im „Grün" und verhindert so die schnelle Brandausbreitung.

Abb. 119: Abwurf auf Feuerlinie mit 1/3 in den Schwarzen und 2/3 in den noch unverbrannten Bereich (Quelle: Scottish Government, 2013)

4.2 Direkter Löschangriff aus der Luft

4.2.1 Löschtaktik

AFFE-Taktik

Die grundlegende Taktik ändert sich auch beim Einsatz von Luftfahrzeugen nicht. Die Brandausbreitung muss nach dem Schaffen eines Ankerpunktes über die Flanken hin zur Front gestoppt werden („AFFE-Taktik"). Abbildung 120 zeigt schematisch dieses Vorgehen. Hierbei kann es von Vorteil sein, die stärkere Brandintensität zunächst mit größeren Luftfahrzeugen (und entsprechend mehr Löschmittel) zu reduzieren und anschließend mit kleineren Luftfahrzeugen die Brandintensität auf ein Niveau zu bringen, bei dem eine sofortige Unterstützung am Boden möglich ist. Nur durch diese Zusammenarbeit ist ein vollständiges Ablöschen des Feuers möglich.

Die Löschwasserabwürfe sollten dabei entlang der Flanke immer mit einer gewissen Überlappung erfolgen, um eine Ausbreitung durch die sonst entstehenden Lücken zu verhindern.

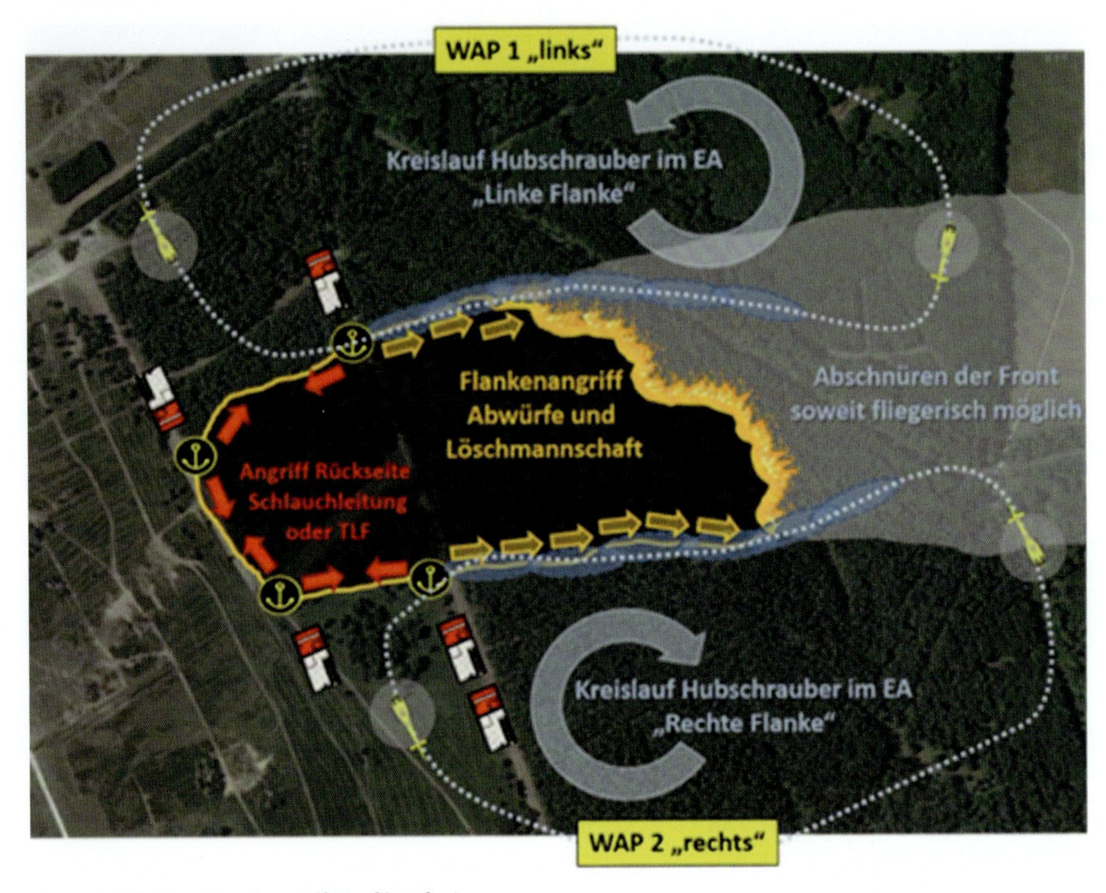

Abb. 120: Direkter Löschangriff (Grafik: @fire)

Unzugängliches Gelände

Neben diesem klassischen Vorgehen können Luftfahrzeuge auch zum Ablöschen bzw. zur Verteidigung einzelner Punkte eingesetzt werden. Dies betrifft zum Beispiel auch die Verteidigung gefährdeter eigener Kräfte. Ebenso kann es z.B. in sehr unzugänglichem Gelände notwendig sein, ein (Wieder-)Aufflammen zu unterdrücken, um Bodenkräfte ausreichend Zeit zum Aufbau der notwendigen Infrastruktur zu verschaffen.

Abb. 121: Anflug verschiedener Hubschraubertypen verschiedener Betreiber in einer losen Reihe. (Foto: Frank Muhmann, FeuerwehrEinsatz:NRW)

Abb. 122: Dies wird seit Jahren z.B. in den Fortbildungen für Flughelfer und Luftfahrzeugbesatzungen in Bayern geübt, wie hier am Fliegerhorst Roth im Jahr 2011. (Foto: Dr. Cimolino)

Fliegerische Verbände

Beim Einsatz vieler Luftfahrzeuge ist es zweckmäßig, entsprechend fliegerische Verbände zu bilden. Dies erleichtert die Führung (vgl. Kap. 3.4), erhöht aber auch die Wirksamkeit, da in kurzen Abständen viel Wasser aufgebracht wird und zeitgleich in den Pausen die Bodenkräfte aktiv werden können.

4.2.2 Kritische Taktiken bzw. Flugmanöver

Flugpfade/An- und Abflugbereiche

Neben der Festlegung der Flugpfade im Bereich der Wasserabwürfe sind auch entsprechende An- und Abflugbereiche zu definieren. Dies gilt insbesondere auch dann, wenn verschiedene Wasseraufnahmestellen genutzt werden und sich die Luftfahrzeuge bei jedem Umlauf neu einfädeln müssen. Ohne klare Festlegungen können sich hier schnell gefährliche Situationen ergeben.

Überholmanöver innerhalb eines Flugkorridors sind zu unterlassen. Eventuelle Ineffizienz auf Grund unterschiedlicher Fluggeschwindigkeit sollten dem LKO bzw. der EAL Luft gemeldet wer-

Abb. 123: Verlorenes Bambi Bucket. (Foto: Brust, Staatliche Feuerwehrschule Würzburg)

den. Basierend auf diesen Rückmeldungen kann dann ggfls. eine Neustrukturierung des Luftraums bzw. der fliegenden Verbände Abhilfe schaffen.

Flächenflugzeuge und Hubschrauber sowie Luftfahrzeuge mit gegenläufigen Flugrichtungen sind ausreichend räumlich und/ oder zeitlich zu trennen. Luftfahrzeuge mit verschiedenen Flughöhen und gleicher Position laufen Gefahr, bei Verlust von Teilen (z.B. Versagen der Aufhängung des Außenlastbehälters), oder auch nur bei Auslösung des Abwurfs durch die obere Maschine, die untere massiv zu gefährden.

Löschtaktiken

Die folgenden Löschtaktiken sind beim Einsatz von Luftfahrzeugen in aller Regel sehr ineffektiv, sodass diese nicht angewendet werden sollten:

1. Angriff auf Bodenfeuer (Brände im Boden), da das Löschwasser nicht ausreichend in den Boden eindringt.
2. Angriff aus zu großer Höhe v.a. im Hochsommer (z.B. bei Munitionsbelastung am Boden), da sehr viel Wasser in der Luft verdunstet und am Boden keine Löschwirkung mehr erzielt wird.
3. Angriff zu weit vor der Front (ohne Retardant), da das Löschmittel in der Regel vor dem Eintreffen der Feuerfront verdampft sein wird und keine Löschwirkung mehr entfalten kann.
4. Angriff unterhalb der verfügten Sicherheitshöhe bei Bränden auf Munitionsverdachtsflächen, da es beim Umsetzen der Munition zur Gefährdung des Luftfahrzeuges kommen kann.

4.2.3 Abwurfhöhe, Flughöhe und -geschwindigkeit

Je höher das Luftfahrzeug fliegt, desto vernebelter und breiter erreicht das Löschmittel den Boden. Ab einer bestimmten Höhe (abhängig von Behälterinhalt) vernebelt das Löschmittel derart stark, dass es am Boden keine Wirkung mehr entfaltet. Dieser Effekt setzt bei kleinen Behältern spätestens ab 200 ft / 60m und bei großen spätestens ab 500 ft / 150 m Abwurfhöhe ein.

Abb. 124 und 125: Überhöhter Wasserabwurf, der am Boden keine Wirkung mehr zeigt (Quelle: Bundespolizei)

Abwurf- und Flughöhe

Die Abwurfhöhe unterscheidet sich von der Flughöhe. Unter Abwurfhöhe ist die Höhe über Grund bzw. Baumgrenze zu verstehen, die vom Auslass des Löschmittelabwurfsystems gemessen wird. Die Flughöhe wird vom Luftfahrzeug aus gemessen. Beim Abwurf mit signifikanter Vorwärtsgeschwindigkeit ist immer ein Sicherheitspuffer zum Boden bzw. Baumgrenze einzuhalten, der bei ca. 30 ft/10 m liegt. Dies ist somit die geringste Abwurfhöhe mit Vorwärtsgeschwindigkeit. Abbildung 126 zeigt schematisch die Definition von Flug- und Abwurfhöhe.

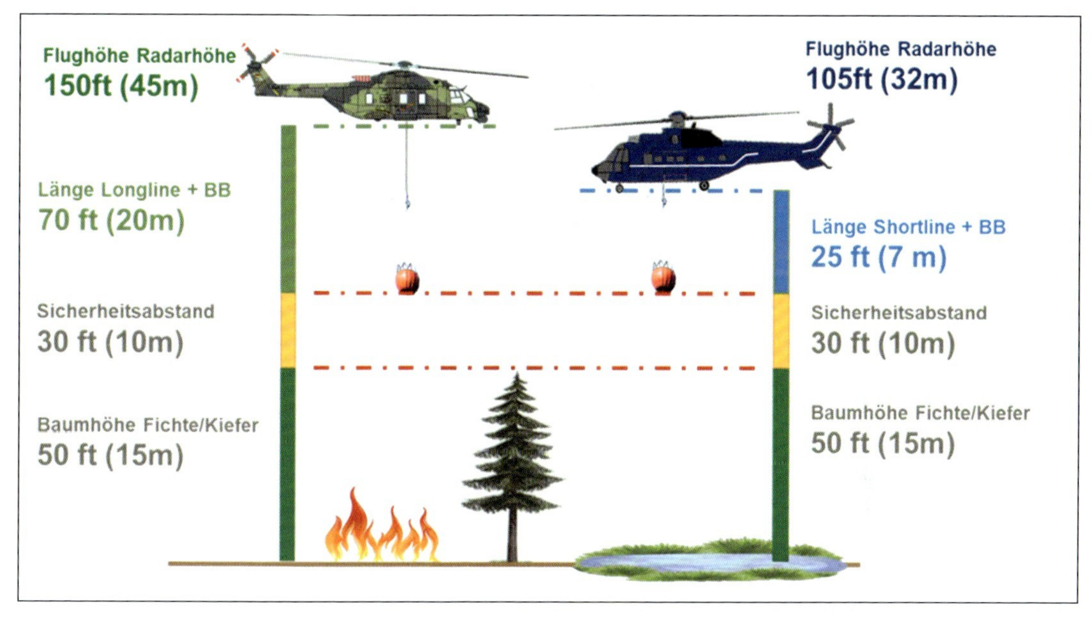

Abb. 126: Darstellung der Abwurfhöhe zur Flughöhe mit 30 ft/10 m Sicherheitsabstand unter Berücksichtigung der Baumgrenze. (Grafik: Otte)

Löschmittelabdeckung

Eine weitere Möglichkeit, die Löschmittelabdeckung (Coverage Level = CL) und die räumliche Wirkungslänge des Löschmittelabwurfes am Boden zu verändern, ist durch Anpassung der Fluggeschwindigkeit. Je höher diese ist, desto geringer das CL, aber desto weiter die räumliche Wirkungslänge des Abwurfes und umgekehrt bis hin zum Punktabwurf (Hover Drop).

In den USA wurden zahlreiche Versuchsreihen durchgeführt, um die optimale Löschmittelmenge in Abhängigkeit von brennendem Bewuchs und Art des Löschmittels zu ermitteln. Daraus wurden in weiteren Versuchsreihen Flughöhen und Geschwindigkeiten erforscht, die diese Abwurfbilder erzeugen (vgl. US FOREST SERVICE, 1982 und 2001). Daraus ergeben sich für **Wasser ohne Zusätze** folgende Erkenntnisse:

Gras	**Coverage Level (CL) 4 gal/ft² bzw. 1,6 l/m²** [1]
Nadelholz (trocken, freistehend)	**Coverage Level (CL) 10 gal/ft² bzw. 4 l/m²**
Nadelholz (trocken, viel Totholz)	**Coverage Level (CL) 20 gal/ft² bzw. 8 l/m²**

Um das Coverage Level bei größtmöglicher Wirkungslänge zu erreichen, haben sich mit **Wasser** folgende Werte herausgestellt:

Tabelle 6: Coverage Level mit Wasser. (Tabelle: Otte)

CL gal/ft²	Abwurfhöhe	Geschwindigkeit	Wirkungslänge
4	~ 100 ft / 30 m	~ 45 kt / 85 km/h	~ 85 m
10	~ 80 ft / 25 m	40 kt / 75 km/h	~ 54 m
20	Keine Angaben		

Nutzt man hingegen Retardant als Brandhemmer, so ändern sich die Werte wie folgt:

Gras	**Coverage Level (CL) 1 gal/ft² bzw. 0,4 l/m²**
Nadelholz (trocken, freistehend)	**Coverage Level (CL) 2 gal/ft² bzw. 0,8 l/m²**
Nadelholz (trocken, viel Totholz)	**Coverage Level (CL) 4 gal/ft² bzw. 1,6 l/m²**

Tabelle 7: Coverage Level mit Retardant. (Tabelle: Otte)

CL gal/ft²	Abwurfhöhe	Geschwindigkeit	Wirkungslänge
1	~ 80 ft / 25 m	~55 kt / 85 km/h	~ 140 m
2	~ 80 ft / 25 m	~55 kt / 85 km/h	~ 120 m
4	~ 80 ft / 25 m	~55 kt / 85 km/h	~ 95 m

[1] 1 gal/100 ft² = 3,8 l/9,3 m² = 0,4 l/m²; Die Angaben sind für Retardant ausgewiesen und müssen zur Umrechnung auf Wasser mit einem Faktor 4–5 versehen werden.

Bei sehr niedrigen Flughöhen ist der Downwash des Hubschraubers zu beachten. Durch den Rotorabstrahl kann es zu Aufwirbelung von Staub und Kleinteilen, Beschädigung von Ausrüstung sowie zum Anfachen des Feuers kommen. Ferner kann der Rauch entgegen der Windrichtung zu den Einsatzkräften gedrückt werden. Daher sollte mit zunehmender Hubschraubergröße die Länge der verwendeten Leine erhöht werden, um eine möglichst hohe Flughöhe bei möglichst niedriger Abwurfhöhe zu erreichen. Die Nachteile der langen Leine (erschwerte Wasseraufnahme aus Flextank, erschwerte Abwurfkoordination aus dem Hubschrauber) sind dem entgegenzuhalten und zu berücksichtigen.

Geschwindigkeitsbegrenzungen

Letztlich sei noch erwähnt, dass Geschwindigkeitsbegrenzungen nach oben für das sichere Operieren mit ALB vorgegeben sein können, aber auch dass einige Hubschrauber bestimmte Geschwindigkeiten in Abhängigkeit zur Höhe nicht unterschreiten dürfen (sogenanntes „h/v – Diagramm“ mit „dead man's curve“).

Die dargestellten Geschwindigkeiten und Höhen bewegen sich jedoch im Normbereich der gängigen Hubschrauber im Löscheinsatz.

4.2.4 Klassifizierung von Löschwasserabwürfen

International werden verschiedene Klassen von Löschwasserabwürfen unterschieden, die mit ihren Vor- und Nachteilen im Folgenden beschrieben werden. Im Folgenden sind diese zunächst für Hubschrauber und dann abschließend nochmal für ein Löschflugzeug angegeben.

4.2.4.1 Low Drop

Low Drop

Ein Abwurf aus niedriger Höhe führt zu einem verstärkten Eindringen des Löschwassers in die Vegetation. Auf Grund der geringeren Fallhöhe des Wassers ergibt sich eine reduzierte Anfälligkeit des Abwurfs für ein Wegdriften bei Seitenwind. Allerdings können der geringe Abstand des Rotors zum Boden und die größere Wucht des Wassers zu einer Gefährdung am Boden führen, z.B. zu einer Brandausbreitung durch herumfliegende Glut oder abbrechende Äste. Daher müssten Bodenkräfte entsprechend vorsichtig sein. Zu empfehlen ist dies also vor allem bei dichtem Bewuchs am Boden bzw. einem geschlossenen Blätterdach mit Bodenfeuer.

Abb. 127: Abwurf aus niedriger Höhe („Low Drop") mit 20 kt und 200 ft unter dem Behälter sowie einem SMOKEY 5000. (Foto: FF München)

4.2.4.2 High Drop

High Drop

Ein Wasserabwurf aus größerer Höhe sorgt für eine verstärkte Verteilung des Wassers. Allerdings besteht die Gefahr einer starken Verdampfung in der Luft, sodass nur noch wenig bis keine Löschwirkung erzielt wird. Die Benetzung der Brandzone ist limitiert und es erfolgt primär eine Benetzung der Umgebung. Es besteht eine hohe Anfälligkeit für Winddrift. Abb. 128 zeigt den Wasserabwurf selbst und Abb. 129 im Hintergrund den stark verteilten Wassernebel, der in diesem Fall am Boden ankommt.

Abb. 128 und 129: Abwurf aus großer Höhe („High Drop") mit 30 kt und 300 ft unter dem Behälter sowie einem SMOKEY 5000. (Hinweis: Der Hubschrauber in Abb. 129 hat nichts mit dem Abwurf dahinter zu tun!) (Fotos: FF München)

4.2.4.3 Short Drop

Short Drop

Bei einem Abwurf mit geringer Geschwindigkeit und dadurch einer geringen Länge der Abwurfzone („Short drop") bleibt der Wasserstrahl intakt und erzeugt eine ähnliche Wirkung wie bei einem sehr niedrigen Abwurf. Bei der in Abb. 130 gezeigten Konfiguration ergibt sich bei einer Entleerdauer von ca. 3 Sekunden eine Strecke von ca. 40 m.

Abb. 130: Kurzer Abwurf („Short Drop") mit 25 kt und einem Bambi-Bucket 1.000 l. (Foto: @fire)

Abbildung 131 zeigt im Unterschied hierzu die Nutzung eines ähnlichen Buckets sowie Flugparameter, jedoch unter Verwendung einer entsprechenden Long-Line. Hierdurch lassen sich ähnliche Abwurfhöhen bei deutlich höheren Flughöhen erzielen.

Abb. 131: Abwurf aus großer Höhe („High Drop") mit 30 kt und 100 ft unter dem Behälter sowie einem Bambi-Bucket mit ca. 700 l. (Foto: FF München)

4.2.4.4 Long Drop

Long Drop

Bei einer entsprechend höheren Fluggeschwindigkeit kommt es zu einer stärkeren Zerstäubung des Wasserstrahls. Die Penetration und Benetzungsdichte nimmt ab, jedoch kann ein deutlich größerer Bereich abgedeckt werden. Bei der in Abb. 132 gezeigten Konfiguration ergibt sich bei einer Entleerdauer von ca. 3 Sekunden eine Strecke von ca. 40 m.

Abb. 132: Langer Abwurf („Long Drop") mit 40 kt und einem Bambi-Bucket 1.000 l. (Foto: @fire)

4.2.4.5 Hover Drop

Hover Drop

Der Punktabwurf oder auch Hover Drop ist ein Abwurf mit niedriger oder keiner Vorwärtsfahrt und eignet sich z.B. zum Ablöschen von Spotfeuern oder Zielabwürfen auf zu schützende Infrastruktur.

Abb. 133: Punktabwurf („Hover Drop") mit 40 kt und einem Bambi-Bucket 1.000 l. (Foto: @fire)

Abb. 134: Punktabwurf aus nahezu stehendem Hubschrauber mit einer niederländischen CH-47 und einem großen Behälter. (Foto: Dr. Cimolino)

Bei Punktabwürfen besteht jedoch die **erhebliche Gefahr**:

- Den Brand durch den Abstrahl („Downwash") der Luft weiter anzufachen.
- brennbares Material aufzuwirbeln und weitere Brände zu entfachen.
- des Schwebefluges mit hoher Masse und hoher Leistungsanforderung.

Daher sollten **Punktabwürfe soweit möglich vermieden werden**.

Sollen sie dennoch als taktische Maßnahme Anwendung finden, so ist die **Freistrahltheorie** zu berücksichtigen. Als Freistrahl wird hierbei die Strömung aus einer Düse mit Durchmesser D in die freie Umgebung gesehen. **D stellt hierbei den Rotordurchmesser** dar (in Fuß oder in Metern, je nach Höhenanzeige im Hubschrauber).

Innerhalb des kegelförmigen Kernbereichs verschwindet die ungestörte Strömung, sie wird vom Rand her von der angesaugten Luft aufgelöst. Die Länge des Kerns beträgt bei Freistrahlen mit konstanter Dichte etwa **5 x D bis 8 x D**.

Tabelle 8: Mindestflughöhe bei Punktwurf aus nahezu stehendem Hubschrauber. (Tabelle: Otte)

Hubschraubermuster	Rotordurchmesser D	Min. Flughöhe über Grund
EC 135	10,20 m / 34 ft	170–275 ft
H 145	10,80 m / 36 ft	180–290 ft
AS 350	10,70 m / 35 ft	175–280 ft
AS 332 L1	15,60 m / 51 ft	255–410 ft
NH 90	16,30 m / 54 ft	270–435 ft
CH 53	22,00 m / 73 ft	365–585 ft

Die Freistrahltheorie greift bis ca. 30 km/h, also ca. 15 kt Vorwärtsgeschwindigkeit. Ab dann reduziert sich die notwendige Höhe auf **3 x D**. Diese theoretischen Werte haben sich bei Versuchen mit der AS 332 L1 Super Puma bestätigt, wobei kein nennenswerter Einfluss des Downwashs am Boden mehr zu beobachten war. Daraus ergeben sich folgende Höhen bei entsprechender **Vorwärtsgeschwindigkeit von mind. 15 kt**:

Tabelle 9: Mindestflughöhe bei Punktwurf bei V_{min} von 15 kt. (Tabelle: Otte)

Hubschraubermuster	Rotordurchmesser D	Min. Flughöhe über Grund
EC 135	10,20 m / 34 ft	100 ft
H 145	10,80 m / 36 ft	110 ft
AS 350	10,70 m / 35 ft	105 ft
AS 332 L1	15,60 m / 51 ft	155 ft
NH 90	16,30 m / 54 ft	165 ft
CH 53	22,00 m / 73 ft	220 ft

4.2.4.6 Kurvenabwurf

Kurvenabwurf

Ein Kurven(ab)wurf wird genutzt, um z.B. in Hanglagen schwer erreichbare Flächen besser abdecken zu können. Ein Punktwurf (Hover Drop) ist hier unmöglich.

Grundsätzlich funktioniert der Kurvenabwurf mit Hubschraubern ebenso wie mit Flächenflugzeugen.

In beiden Fällen handelt es sich um im Verhältnis zu anderen Abwürfen eher gefährlichere Flugmanöver. Ein Kurvenwurf kann daher nur von erfahrenen Piloten abgesetzt werden!

Abb. 135: Abwurf im Kurvenflug mit einem Bambi-Bucket 1.600 l in einer Übung in der Ebene. (Foto: Bundespolizei)

4.2.4.7 Löschwasserabwürfe von Flugzeugen

Auch beim Einsatz von Löschflugzeugen können verschiedene Abwurfcharakteristiken verwendet werden, die auf die jeweilige Situation abgestimmt sein müssen. Insbesondere ist hierbei die Brandintensität zu nennen, z.B. Grasland versus ölhaltige Sträucher.

Bei Flugzeugen sind die Fluggeschwindigkeit und Abwurfhöhe in der Regel als konstant anzusehen, insbesondere im Vergleich zu den Variationsmöglichkeiten bei Hubschraubern. Ebenso spielt der Downwash keine Rolle, weshalb die vom Hubschrauber bekannte Problematik bei geringen Flughöhen nicht auftritt. Primär kann der Abwurf also, in Abhängigkeit der technischen Möglichkeiten des Abwurfsystems, durch die Vorgabe der Durchflussmenge sowie des zu leerenden Tankanteils (z.B. halber oder kompletter Tank) variiert werden.

Die Abbildungen 136 und 137 zeigen Wasserabwürfe eines Air Tractor AT-802F Fire Boss bei einer gemeinsamen Übung der Firma Cargolux Aquarius Aerial Fire Fighting und @fire mit geringer und mittlerer Durchflussrate. Es ist deutlich zu erkennen, wie sich die Wolke aus Wassertropfen ändert und mit höhere Durchflussrate kompakter und massiver wird. Dahingegen reduziert sich natürlich auch die Gesamtlänge des Abwurfs, da mehr Wasser in kürzerer Zeit und Flugstrecke abgeworfen wird.

Abb. 136: Wasserabwurf eines Air Tractor AT-802F Fire Boss mit geringer Durchflussrate. (Foto: @fire)

Abb. 137: Wasserabwurf eines Air Tractor AT-802F Fire Boss mit mittlerer Durchflussrate. (Foto: @fire)

4.3 Indirekter Löschangriff aus der Luft

Indirekter Löschangriff

Die Unterstützungsmöglichkeiten aus der Luft beim indirekten Löschangriff bestehen vor allem im Ausbringen von Brandhemmern (Retardants oder hier auch (Schwer-)Schaum- bzw. Gelsperren) vor den Feuerlinien.

Wie bereits in den vorherigen Abschnitten beschrieben, ist ein Abwurf von reinem Wasser vor die Feuerlinie in der Regel nicht zielführend, da keine ausreichende Befeuchtung des Bodens und der Vegetation erfolgt, die die Feuerfront aufhalten könnte. Das Wasser verdunstet bei größerem Abstand vom Abwurf zum Feuersaum v.a. im Sommer und bei höheren Temperaturen noch vor Eintreffen der Flammenfront bzw. bei etwas näherem Abstand mit dem Eintreffen der Flammen, ohne relevante Kühleffekte zu erreichen.

Retardants

Für den Abwurf aus Luftfahrzeugen eignen sich v.a. Retardants, weil das relativ einfach zuzumischen und auszubringen ist. Retardants sind Salze, die mit Wasser relativ korrosiv wirken. Nach den Abwurftagen ist daher eine provorische Reinigung der Maschinen und Geräte vorzunehmen, nach dem Einsatz ist dies gründlich durchzuführen.

Schaum- und Gelsperren können grundsätzlich auch angewendet werden. Die Technik dafür ist aber erheblich komplexer als mit der einfachen Zumischung von Retardants. Bei Schaum ist für den Einsatz aus Luftfahrzeugen nur Schwerschaum geeignet, weil sich in der Praxis Leicht- und auch Mittelschaum aufgrund ihres relativ geringen spezifischen Gewichts nach der Erzeugung nicht in einer Linie ausbringen lassen werden. Der Downwash, der Fahrt- bzw. Flug- und der normale Wind würden diese stark verteilen.

Abb. 138 zeigt die prinzipielle taktische Vorgehensweise hierbei. Die Haltelinie mit Hilfe von Brandhemmern wird vor der Feuerfront ausgebracht und stoppt die weitere Ausbreitung bzw. reduziert zumindest deren Intensität. Somit kann mit Hilfe der bereits beschriebenen AFFE-Taktik und mit direktem Löschangriff die Ausbreitung vollständig gestoppt werden.

Grundsätzlich eignen sich für das Ausbringen von geraden Sperrlinien mit Brandhemmern Flächenflugzeuge besser als Hubschrauber. Es muss in Deutschland mit den vorhandenen Luftfahrzeugen sowieso am Boden getankt werden, weil Zumischmöglichkeiten in der Maschine oder im Außenlastbehälter in Deutschland i.d.R. nicht vorhanden sind.

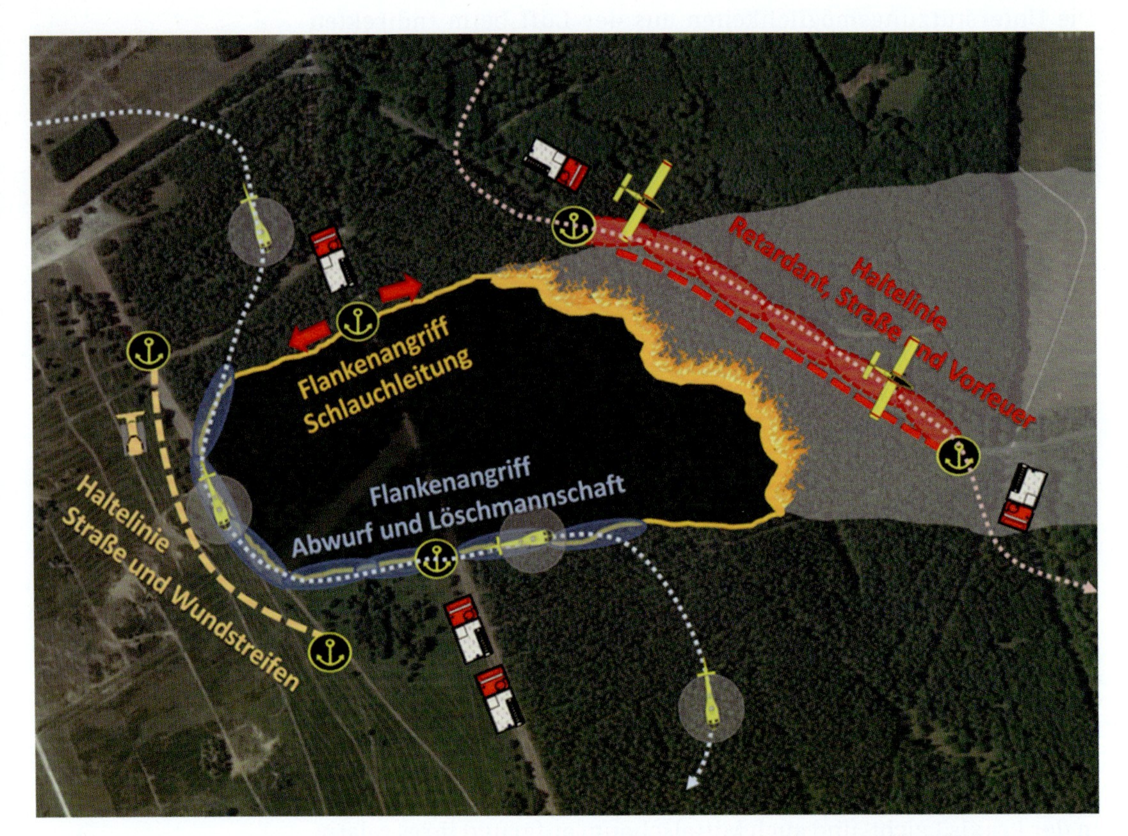

Abb. 138: Taktikskizze zum indirekten Löschangriff inkl. Brandhemmern (Retardant). (Grafik: @fire)

5 Spezialisierte Einsatzkräfte beim Einsatz von Luftfahrzeugen

Spezialkräfte

Beim Einsatz von Luftfahrzeugen können auch spezialisierte Einsatzkräfte zur Einsatzbearbeitung am Boden zum Einsatz kommen. Diese werden in den folgenden Abschnitten beschrieben.

Da das Absetzen der Mannschaften i.d.R. nicht über Landebahnen im Schadensgebiet möglich ist, können praktisch alle diese Einsätze nur mit entsprechend leistungsfähigen und mit Kabinen mit Sitzplätzen ausgestatteten Hubschraubern durchgeführt werden.

Weitere Informationen zu entsprechenden Definitionen in Deutschland finden sich in (vgl. Waldbrandteam, Spezialisierte Kräfte Vegetationsbrand, @fire 2024).

5.1 Luftmobile Einsatzmannschaften

Immer dann, wenn die Einsatzstelle nicht oder nicht schnell genug

- mit Fahrzeugen oder/und
- zu Fuß

erreichbar ist, ist es sinnvoll, über die Option luftmobiler Einsatzmannschaften nachzudenken.

Grundsatz für alle luftmobile Einsätze mit Personal ist dabei immer: Die Sicherheit der Einsatzkräfte geht vor!

Das bedeutet:

1. Der Einsatzauftrag muss klar definiert sein.
   a. Konkretes Einsatzgebiet
   b. Auftrag im Gebiet
2. Die notwendige Ausrüstung mit Personal und Gerät muss zum geplanten Einsatzzeitpunkt am (Außen-)Landeplatz fertig zur Verfügung stehen.
   a. Zur Verfügung stehendes, ausgebildetes und physisch sowie psychisch dafür geeignetes Einsatzpersonal[1] mit geeigneter PSA[2] und Basisverpflegung (Getränke, Energieriegel) am „Mann“!
   b. Dafür notwendige, luftverlastbare, am besten vorkonvektionierte[3] Ausrüstung mit Reserven am Boden, falls es zu Schäden oder Fehlfunktionen an der Ausrüstung in exponierten Lagen kommt.
   c. Ggf. geeignete Außenlastmöglichkeiten.
3. Erfahrene Luftfahrzeugbesatzungen mit geeigneten Luftfahrzeugen (Leistung auch in der Höhe immer sicher ausreichend!).
4. Sichere Kommunikation von den Mannschaften am Berg zu den Luftfahrzeugen UND natürlich zur Abschnitts- oder Einsatzleitung im Tal.
5. Plan B für eine alternative Taktik, falls der Einsatz im abgelegenen Gebiet nicht so gut funktioniert. D.h. ggf. Nutzung von ausgebauten Wanderwegen mit besonders schmalen Fahrzeugen, z.B. Quads (vgl. Abb 129) oder Bau von Wegen in das Gebiet, um mehr und leistungsfähigere Einsatzmittel vorbringen zu können.
6. IMMER einen mehrstufigen Rettungs- bzw. Evakuierungsplan für die abgesetzten Einheiten.
   a. Definierung und ggf. Ausbau einer SafetyZone im Gebiet für den Rückzug aus dem direkten Einsatzgebiet, z.B. auf eine vegetationsfreie Bergkuppe oder auf eine höhere Lage (Insel) im Hochwassergebiet.

---

[1] Das Personal darf keine Höhenangst haben und muss über eine ausreichende körperliche Leistungsfähigkeit verfügen, um auch über Stunden hart manuell arbeiten zu können.

[2] Persönliche Schutzausrüstung für die Vegetationsbrandbekämpfung, geeignete Stiefel für die Arbeit in der Lage und ggf. am Berg/Hang, Sicherungsseile etc.

[3] Gewicht, Abmessungen und Verladehilfen sind bekannt! Am besten ist, wenn die Ausrüstung spätestens am (Außen-)Landeplatz bereits so gepackt ist, dass sie mit daran deutlich gekennzeichnetem Gewicht zur Verfügung steht.

b. Bereithalten eines Hubschraubers mit geeigneter Ausstattung (Winde!) zur Rettung sowohl verletzter Einsatzkräfte aus diesem Gebiet wie auch zur Evakuierung der ganzen Einheit bei kritischen Lageänderungen.

Abb. 139: Insbesondere beim Absetzen von Personal und Gerät kommt der Hubschrauber Hindernissen (Bäume, Felsen, Stromleitungen, Seilbahnen etc.) z.T. sehr nahe. Dies erfordert sorgfältige Erkundung und fähige Piloten! (Foto: Dr. Cimolino)

Abb. 140: Nutzung von ausgebauten Wanderwegen mit besonders schmalen Fahrzeugen (z.B. Quads). (Foto: Dr. Cimolino)

5.2 Luftmobile Löschmannschaften (LumoLöma) = Heli-Tac – hubschraubertransportierte Einheiten

Luftmobiler Einsatz

Als besondere Spezialisierung für den luftmobilen Einsatz gilt die Brandbekämpfung mit über die Luft verlegtem Einsatzpersonal mit geeigneter Ausrüstung. Der Transport mit Hubschraubern in die Einsatzgebiete ist hier insbesondere im europäischen Alpenraum seit Jahrzehnten bekannt.

Der internationale Begriff dafür ist HeliTac (Helicopter atTack)[1].

Abb. 141: In den meisten Fällen werden weltweit Hubschrauber für den Transport von Mannschaft, Gerät und Löschwasser benutzt. (Foto: @fire)

Transportiert wird meist in einer abgestimmten Reihenfolge, die konkret vom EAL Luft auch nach den verfügbaren Hubschraubern, der Tragfähigkeit und den vorgepackten bzw. zu packenden Einheiten bestimmt werden muss.

[1] Andere Schreibweisen sind z.B.: Heli-Tac, Helitak, Helitack. Zu beachten ist, dass es auch Firmen mit diesen Schreibweisen gibt.

Je nach den Lastmöglichkeiten z.T. auch in Kombination von z.B. 3. und 4. Je nach Dringlichkeit des Einsatzes, muss weiteres Personal ggf. früher eingeflogen werden.

1. Erste Einsatzmannschaft (möglichst mit Flughelfer, um über BOS- bzw. ggf. auch Flugfunk Verbindung zu den anfliegenden Hubschraubern halten zu können).
2. Pufferbehälter (Aufbau erfolgt dann in der Zeit, in der weitere Flüge erfolgen)[1].
3. TS mit Zubehör (entfällt zunächst[2], wenn der Pufferbehälter die Pumpe integriert hat, wie es z.B. beim Heliskid der Fall ist (vgl. Abb. 98).
4. Weitere Schläuche, Handwerkzeuge, andere Ausrüstung
5. Wasser
6. Weiteres Personal

Abb. 142 und 143: Trotz Einweisung durch Flughelfer trifft der ALB zuerst den Rand des mobilen Behälters von oben und dann von innen an der Seite. Die Gefahr ist sehr groß, dass die Behälter hier beschädigt werden Dies gilt sowohl für den ALB wie auch für den mobilen Behälter am Boden! (Fotos: Dr. Cimolino)

[1] Pufferbehälter, die aus der Luft befüllt werden, können durch den Abwurf oder den ALB beschädigt werden, geeignete Reserven sind daher am besten am Außenlandeplatz vorzuhalten!

[2] Auch mit Heliskid sollten hier immer Reserven bereitstehen, um bei Ausfall schnell Ersatz einfliegen zu können!

Abb. 144 und 145: HeliTac-Crew des italienischen Zivilschutzes (vor allem Ehrenamtliche) bei Tolmezzo. Zuerst wird ein Erkundungsteam mit dem Hubschrauber ins geplante Absetzgebiet eingeflogen. Diese legen mit dem Piloten das Absetzgebiet fest. Am Außenlandeplatz wird parallel die Ausrüstung vorbereitet, die i.d.R. als Außenlast bzw. das Personal in der Kabine auf den Berg geflogen wird. Nacheinander wird die Einsatzmannschaft, ein aus der Luft gefüllter Faltbehälter als Puffer für das Wasser (wegen der Felsen auf einer Schutzdecke) und die Ausrüstung (kleine TS, Schläuche, Armaturen, Handwerkzeug) und das Sicherungsmaterial (Leinensicherung auch durch die Bergrettung!) abgesetzt. Am Fuß des Hanges jenseits der Schlucht die Einsatzmannschaften, die sich dort mit ebenfalls leichter Ausrüstung vorarbeiten. (Fotos: Dr. Cimolino)

Abb. 146: Wenn keine direkte Befüllung der ALB möglich ist, ist weitere Unterstützung am Boden notwendig, hier für die Befüllung eines mobilen Behälters zur Aufnahme mit ALB über TS vom relativ flachen Fluss. (Foto: Dr. Cimolino)

Abb. 147: Eingeflogene Einheit mit ihrer Ausrüstung (Pufferbehälter ist bereits aufgebaut) bei einer Übung im Landkreis Miesbach im Jahr 2010. Die hier noch fliegende Bell UH-1D ist bei der Bundeswehr mittlerweile ausgemustert und z.B. durch den NH-90 ersetzt. Flughelfer steht als einziger vor dem Hubschrauber mit Funk und in Sichtverbindung zum Piloten. (Foto: Dr. Cimolino)

Abb. 148: Der Pufferbehälter wird hier anschließend über einen Bambi-Bucket an einem AS 332 Superpuma der Bundespolizei aus der Luft befüllt und das Wasser mit einer kleinen TS und dünnen Schläuchen ins Einsatzgebiet gefördert. (Foto: Dr. Cimolino)

5.3 Smoke- bzw. Fire Jumper – fallschirmbasierte Einheiten

Fallschirmbasierte Löschmannschaften

Einen Sonderfall für sehr abgelegene Gebiete stellen fallschirmbasierte Löschmannschaften dar. Bekannt sind sie v.a. aus Nordamerika, aber auch aus Russland.

Diese Einheiten spielen immer dann eine Rolle, wenn die Einsatzstelle weder

- mit Fahrzeugen (mangels Straßen), noch
- zu Fuß (weil viel zu weit), noch
- mit Hubschraubern (weil nicht verfügbar, weil Einsatzstelle auch dafür zu weit entfernt),

z.B. bei Feuern durch Blitzschlag in abgelegenen bzw. nicht mit Straßen und Wegen erschlossenen Gebieten schnell genug reagiert werden kann.

Die entsprechenden Einheiten werden mit Flächenflugzeugen relativ schnell über das Schadensgebiet transportiert und springen mit ihrer Ausrüstung ab. Ergänzende Ausrüstung wird ggf. auch aus der Luft abgeworfen.

Das Verletzungsrisiko ist für die Einsatzkräfte sowohl bei der Landung wie in den abgelegenen Einsatzgebieten ohne Wege im Verhältnis zu den anderen Vegetationsbränden sehr hoch.

Es gibt in Mitteleuropa derzeit keine einzige Einheit, die das praktizieren kann. Es gibt nach Auffassung der Autoren auch keinen Bedarf dafür, schon weil in Europa die Entfernungen in potenzielle Brandgebiete viel geringer sind. Daher behandeln wir dieses Thema hier nicht weiter. Eine nähere Beschreibung dazu ist in WIKIPEDIA, 2024, zu finden.

6 Sicherheit im Umfeld von Luftfahrzeugen

In den folgenden Abschnitten werden wichtige Informationen zum sicheren Arbeiten mit Luftfahrzeugen vorgestellt.

6.1 PSA für Bodenkräfte bei der Zusammenarbeit mit Luftfahrzeugen

Arbeitsschutzrechtliche Regelungen

Neben der Flugsicherheit ist auch die Einhaltung der geltenden arbeitsschutzrechtlichen Regelungen essenziell, um die Gefährdung aller Beteiligten auf einem akzeptablen Niveau zu halten. Grundlage hierfür ist immer eine Gefährdungsbeurteilung der geplanten Tätigkeiten. Im Regelfall sollte dies bereits im Vorfeld erfolgen. Aus dieser Gefährdungsbeurteilung ergeben sich verschiedene Maßnahmen, die dem STOP-Prinzip (vgl. DGUV 2013, (**S**ubstitution, **T**echnische Lösungen, **O**rganisatorische Maßnahmen und **P**ersönliche Schutzausrüstung)) folgen sollten. Dabei wird deutlich, dass vor der Verwendung von persönlicher Schutzausrüstung immer viele weitere Maßnahmen stehen müssen. Dies betrifft insbesondere die Überlegung, ob der Aufenthalt/das Arbeiten im Umfeld des Hubschraubers überhaupt notwendig ist (Substitution) sowie die Sicherstellung einer ausreichenden Aus- und Fortbildung der Einsatzkräfte. In den meisten Fällen wird es bei Vegetationsbränden ausschließlich um die Gefährdung der Umwelt durch weitere Brandausbreitung gehen. In diesem Zusammenhang nun, ggfls. nicht ausreichend ausgebildete Einsatzkräfte in das schnell lebensgefährliche Umfeld eines Hubschraubers zu bringen, sollte also genau abgewogen werden.

Ist der Aufenthalt im Umfeld nun also zwingend erforderlich, bleiben letztlich Gefahren übrig, denen durch die Nutzung entsprechender persönlicher Schutzausrüstung begegnet werden muss. Ausführlich wurde das von Schmid (vgl. SCHMID, 2020) beschrieben. Dort wurde umfangreich auf die Schutzausrüstung für Flughelfer eingegangen. Verkürzend soll hier lediglich auf die essenziellen Teile eingegangen werden. Die Verwendung entsprechender Schutzbekleidung, Schuhe und eines Helmes wird dabei als selbstverständlich vorausgesetzt.

Augenschutz

Durch den Abwind des Hauptrotors können Staub, Grashalme aber auch größere Teile bis hin zu Brettern aufgewirbelt werden. Für den Schutz vor den leichten Partikeln ist ein gut sitzender Augenschutz essenziell. Ohne diesen ist ein Aufenthalt im Bereich des Abwindes verboten, da bereits ein einmaliges Ereignis (Eintritt eines Partikels ins Auge) zum Verlust der Sehfähigkeit führen kann. Als Augenschutz ist eine festsitzende und komplett abschließende Schutzbrille oder ein gesichertes, stabiles Visier (vgl. Abbildungen 149 und 150), im Optimalfall zweifarbig, zu empfehlen. Das standardmäßige Feuerwehrvisier ist nicht geeignet, da es bei entsprechendem Downwash des Hubschraubers hochklappen und im schlimmsten Fall sogar abreißen kann, wodurch nicht nur die Schutzfunktion nicht mehr gegeben ist, sondern auch Personen in der Umgebung und der Hubschrauber gefährdet werden können.

Abb. 149 und 150: Verschiedene Ausführungen von Helmen inkl. Augenschutz als Visier oder Schutzbrille. (Fotos: FF München)

Gehörstöpsel

Die Gefährdung des Gehörs basiert in diesem Zusammenhang in aller Regel nicht auf einem einzelnen, kurzfristigen Ereignis. Zu betrachten ist die Kombination aus der Intensität und Dauer der Einwirkung. Dies macht eine Unterscheidung der notwendigen Schutzausrüstung möglich. Zum Beispiel ist beim einmaligen Transport mit dem Hubschrauber eine andere Belastung zu betrachten als beim längeren Arbeiten als Flughelfer unter dem schwebenden Luftfahrzeug. Daher können z.B. in einem Fall einfache Gehörstöpsel ausreichend sein und im anderen Fall ein vollwertiger Kapselgehörschutz.

6.2 Allgemeine Sicherheitshinweise und Standardverfahren

6.2.1 Sicherheitsprozeduren vor dem Abwurf

Eine koordinierte Zusammenarbeit von Bodenkräften und Luftfahrzeugen ist essenziell für den Einsatzerfolg. Im Folgenden wird daher eine standardisierter Prozedur zur sicheren, effektiven und effizienten Zusammenarbeit vorgestellt. Sicherlich ist diese hier als idealisiertes Schema dargestellt (vgl. Abbildungen 151 bis 155), veranschaulicht jedoch die wichtigsten Schritte. Dabei stellt der graue Bereich das bereits verbrannte Gebiet dar, das grüne den unverbrannten Bereich und die rote Linie den Feuersaum dazwischen. Die gelben Punkte stellen Einsatzkräfte am Boden, z.B. eine Handcrew, dar. In der jeweiligen Einsatzsituation muss diese dann auf die Möglichkeiten vor Ort angepasst werden.

1. **Im Anflug des Luftfahrzeugs auf den Abwurfort kommuniziert der TAK das exakte Ziel für den Löschwasserabwurf inkl. einer gewünschten Abwurfhöhe und -geschwindigkeit sowie ggfls. Öffnungsart des ALB. Diese Kommunikation findet in der Regel über den Funkkreis Boden-Luft-lokal statt (vgl. Kap. 2.5 sowie 2.6.3). Beispiel: „Heli 1 von TAK 1, das nächste Ziel liegt 50 m östlich meiner Position, empfohlene Parameter: geringe Abwurfhöhe, geringe Geschwindigkeit".**
2. **Mit ausreichendem zeitlichem Vorlauf erfolgt ein langer Pfiff[1] des TAK. Dies bedeutet für die eingesetzten Bodenkräfte, die Arbeiten ruhen zu lassen und sich ausreichend weit, ca. 20 bis 30 m, von der Abwurflinie zurückzuziehen. Der TAK wiederum kommuniziert per Boden-Luft lokal an das Luftfahrzeug: „Sicherheit OK! Freigabe auf mein Kommando, 3, 2, 1, Wasser marsch!"[2].**
3. **Nach dem Rückzug der Einsatzkräfte fliegt das Luftfahrzeug das ausgegebene Abwurfziel an und versucht dabei, entsprechend den fliegerischen Möglichkeiten, die empfohlenen Parameter einzuhalten.**

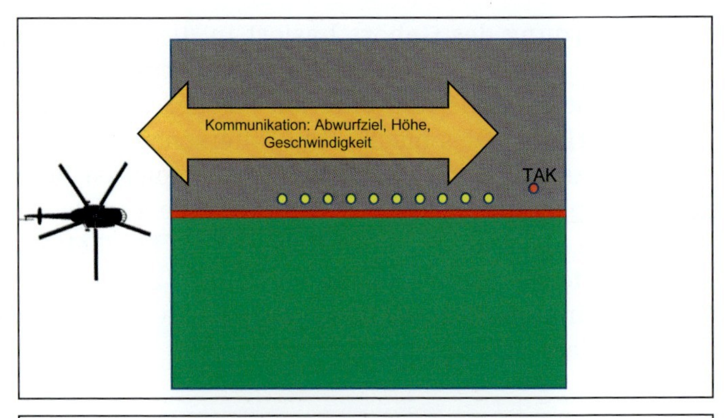

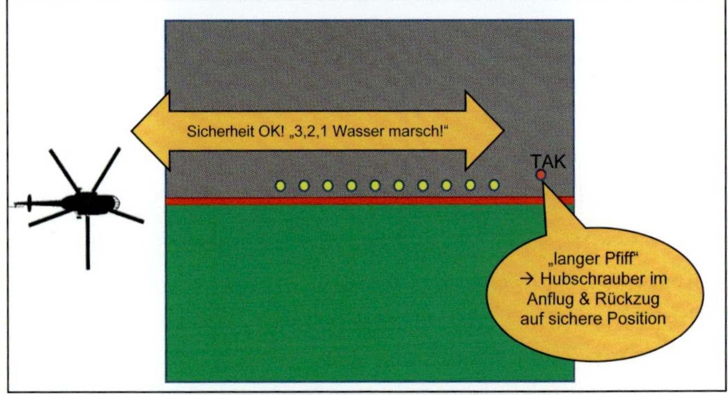

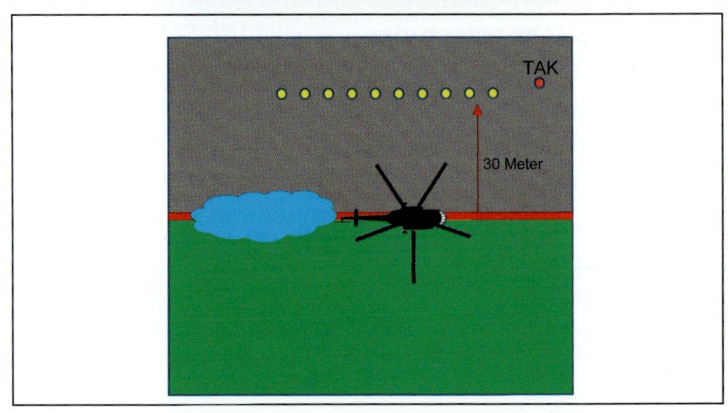

1 Die genannten Signale sind hier in Analogie zu den INSARAG Signaling Guidelines aus dem USAR-Bereich gewählt.

2 Hier wird bewusst der aus dem Feuerwehrwesen bekannte Begriff „Wasser marsch" verwendet. Die Verwendung des Begriffes „Abwurf" sollte vermieden werden, da es zur Verwechslung mit dem Notabwurf des ALB kommen könnte.

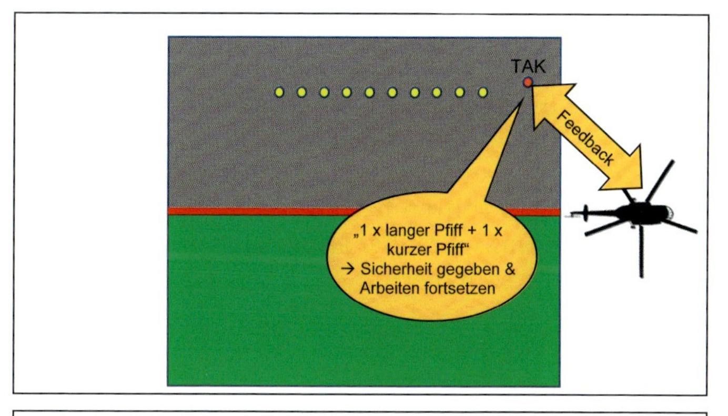

4. Ein langer Pfiff gefolgt von einem kurzen Pfiff des TAK geben das Signal, dass die Sicherheit wieder gegeben ist und die Arbeiten der Bodenkräfte wieder aufgenommen werden können. Ebenso gibt der TAK ein Feedback an das Luftfahrzeug über den Erfolg des aktuellen Abwurfs. Ebenso sollte bereits der nächste Abwurf spezifiziert werden.
5. Nun können die Bodenkräfte die Arbeiten wieder aufnehmen.

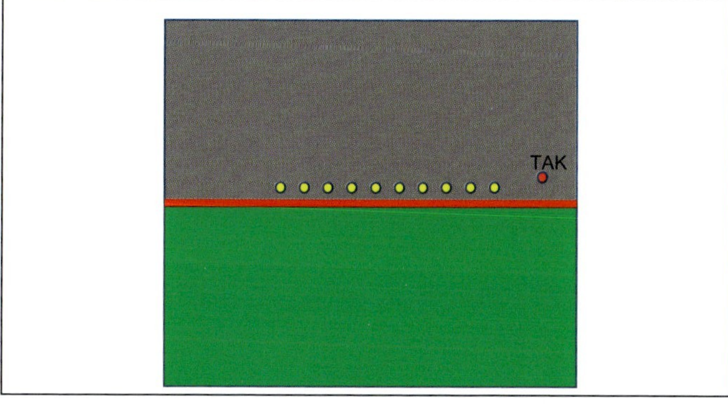

Abb. 151 bis 155: Schematische Darstellung der Zusammenarbeit von Bodenkräften und Luftfahrzeugen beim Löschwasserabwurf. (Grafik: Schmid, @fire)

6.2.2 Annäherung an Hubschrauber

Luftfahrzeuge sind Maschinen, in deren Arbeitsbereich der Zutritt und Aufenthalt für betriebsfremde Personen während des Betriebes untersagt ist. Somit findet der Ein- und Ausstieg in Luftfahrzeuge grundsätzlich bei Stillstand der Maschine statt und Personen haben ausreichend Abstand während des Betriebs zu halten.

Einsatz-/ Evakuierungsfall

Im Einsatz- oder Evakuierungsfall kann ein Ein- und Ausstiegsvorgang jedoch bei laufendem Luftfahrzeug notwendig werden. Hierfür eignen sich insbesondere Hubschrauber, so dass auf deren Sicherheitsvorschriften im Folgenden eingegangen wird.

Dem im Betrieb befindlichen Hubschrauber ist sich grundsätzlich erst nach Zeichen (Daumen hoch) des Piloten oder von ihm beauftragten Personen, z.B. Flughelfern oder Bordtechnikern, zu nähern. In der Regel wird der PiC vorne rechts sitzen. Daher ist eine Annäherung grundsätzlich von seitlich vorne rechts (ca. 1 Uhr bis 2 Uhr), zumindest aber im Sichtfeld des Piloten anzustreben. Das Betreten des hinteren Bereichs des Hubschraubers oder die Annäherung von dort ist aufgrund der Gefahren des drehenden Heckrotors strengstens untersagt. Verstöße hiergegen können zu tödlichen Verletzungen führen bzw. haben dazu geführt. Bei der Annäherung an den Hubschrauber ist der Kopf unten zu halten und sich leicht gebeugt anzunähern.

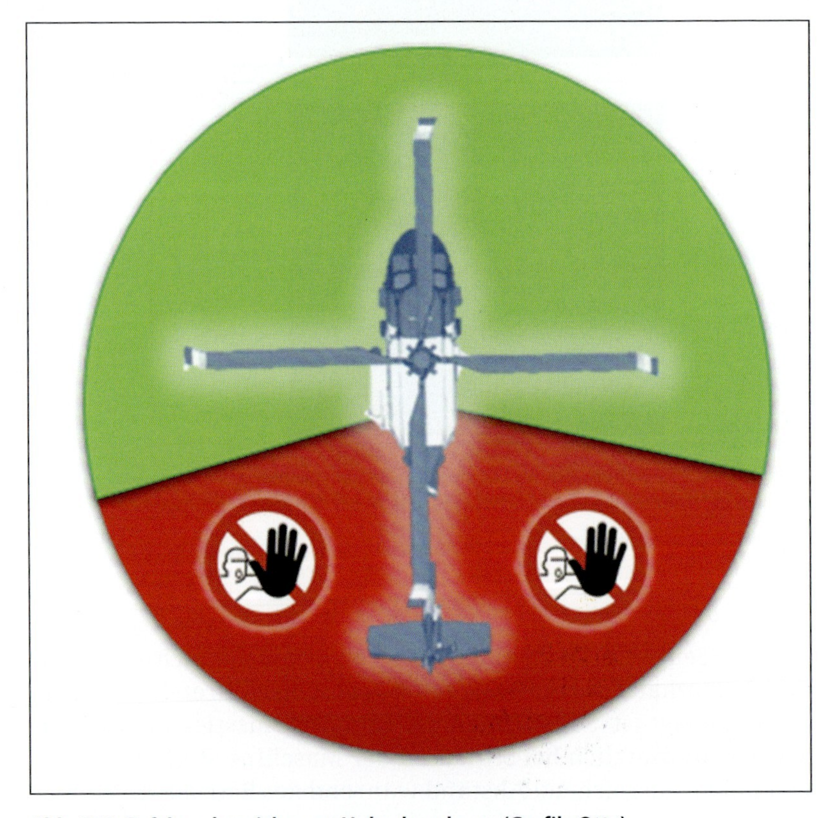

Abb. 156: Gefahrenbereiche von Hubschraubern. (Grafik: Otte)

Abb. 157: Hinweise zur richtigen Annäherung an Hubschrauber. (Grafik: Christophorus Flugrettungsverein)

Die Annäherung von zentral vorne kann bei einigen Hubschraubertypen problematisch sein, da z.B. das Sichtfeld des Piloten im direkten Hubschrauberumfeld in diese Richtung eingeschränkt ist bzw. sich die Rotorblätter hier auf eine kritische Höhe absenken können.

Abweichungen von dem beschriebenen Standard können sich immer ergeben, z.B. wenn der Bordtechniker auf der linken Seite des Hubschraubers in der offenen Türe sitzt und den Einstiegsvorgang durchführt. Daher ist eine Absprache des Einstiegsvorganges im Briefing oder zumindest per Funk anzustreben.

Beim Personaltransport mittels Winde sind nicht entsprechend ausgebildete Personen immer durch einen ARS oder Flughelfer zu begleiten. Vorab ist eine umfangreiche Unterweisung vor Ort notwendig. Hier werden die Prozeduren erläutert und die notwendige Ausstattung angelegt bzw. auf richtigen Sitz kontrolliert.

7 Anhang

7.1 Glossar

Abwurfhöhe	Höhe des Außenlastbehälters über Grund; der Unterschied zur Flughöhe ergibt sich aus der Länge des Anschlagmittels.
AirOps	Air Operations = Aerial Operations: Luftfahrzeugeinsätze
Air Rescue Specialist (ARS)	Luftrettungsspezialist
Anemometer	Messgerät zur Messung der Windstärke.
Außenlast	Alles, was außen an einem Luftfahrzeug transportiert wird. In der Regel sind das unterschiedliche Lasten an Seilen unter Hubschraubern, es gibt aber auch feste Transportbehälter an den Außenseiten aller Luftfahrzeugtypen.
Außenlastbehälter (ALB)	Jede Form eines Behälters als Außenlast, häufig aber als Löschwasseraußenlastbehälter ausgeführt.
Downwash	Durch Hubschrauberrotor verursachter Luftstrom nach unten (Abwind) und in Bodennähe auch umgelenkt zur Seite (→ Sidewash). Je nach (abgeforderter) Leistung und Hubschraubertyp bzw. verbauten Rotoren unterschiedlich, kann aber bei schweren Hubschraubern mit voller Leistung auch bis Windstärke 3 (schwache Brise) erreichen.
Flugbeschränkungsgebiet (ED-R)	Gebiete mit Einschränkungen für den (zivilen) Luftverkehr durch die Flugsicherung – auch ED-R.
Flughöhe	Höhe des Luftfahrzeugs über Grund.

Flugleiter/-leitung	Der Flugleiter vertritt den Inhaber der Platzrechte (Eigentümer, Pächter, aber auch einen Außenlandeplatz anweisenden Einsatzleiter bzw. dessen dazu beauftragten EAL Luft) gegenüber der Luftfahrzugbesatzung und allen anderen auf dem Platz im und für den Flugbetrieb notwendigen bzw. anwesenden Personen. „Die Flugleitung darf Luftfahrzeugführern und anderen am Flugbetrieb beteiligten Personen Anweisungen nach § 23 Abs. 1 Nr. 2 LuftVO (Hausrecht) erteilen, z.B. kann die Flugleitung einem Luftfahrzeugführer einen bestimmten Abfertigungs- oder Abstellplatz zuweisen." … „Gegenüber den in der Luft befindlichen Luftfahrzeugführern hat die Flugleitung kein Weisungsrecht, sondern nur eine beratende Funktion inne." (DAEC, 2023)
FTA	Fire Traffic Area – Entwicklung aus den USA zur eindeutigen Organisation des Luftraumes oberhalb eines Einsatzgebietes bzw. dessen definierten Umfelds.
Lastaufnahmemittel (LAM)	Verbindungselemente zwischen Last und Primärlasthaken am Hubschrauber, zum Beispiel Anschlagmittel, Seile, Leinen.
Löschwasser-Außenlastbehälter	Auch kurz L-ALB – ALB für Löschwasser, gibt es formstabil (tonnenförmig, zum Beispiel SEMAT, Smokey) oder flexibel (meist schirmartig, zum Beispiel Bambi-Bucket).
Luftbeobachter (LBO)	Eine speziell ausgebildete Einsatzkraft zur Beobachtung von Risiko- oder Einsatzgebieten aus der Luft, z.B. bei erhöhtem Waldbrandrisiko.
Luftkoordinator (LKO)	Eine fachkundige Person zur Koordination der Luftfahrzeuge, insbesondere auch im Hinblick auf die Priorisierung von Einsatzschwerpunkten z.B. bei der Bekämpfung von Vegetationsbränden. Sie muss also sowohl über ausreichendes fliegerisches und spezifisches feuerwehrtaktisches Wissen für Vegetationsbrände verfügen.
PiC (Pilot in Command)	Verantwortlicher Luftfahrzeugführer
Notices to Airmen (NOTAM)	Hinweise der Flugsicherung an die Luftfahrzeugbesatzungen z.B. über → Flugbeschränkungsgebiete.
Safety Briefing	Sicherheitseinweisung der Luftfahrzeugbesatzungen und der damit am Boden zusammenarbeitenden Einheiten.
Sidewash	Durch Hubschrauberrotor in Bodennähe verursachter Luftstrom zuerst nach unten (→ Downwash) und dann zur Seite. Je nach (abgeforderter) Leistung und Hubschraubertyp bzw. verbauten Rotoren unterschiedlich, kann aber bei schweren Hubschraubern mit voller Leistung auch bis über Windstärke 5 (steife Brise) erreichen.

Taktischer Abwurfkoordinator (TAK)	Speziell ausgebildete Einsatzkraft. Der TAK koordiniert die Abwürfe im Einsatzgebiet, spricht die Luftfahrzeuge ein und unterstützt ggf. die Piloten bei anderen Aufgaben, z.B. Befüllen von Pufferbehältern.
UAS (unmanned aircraft system)	Drohnen, unbemannte Luftfahrzeugsysteme, gibt es als Flächen- oder Drehflügler (häufig Multikopter, also mit mehreren Rotoren für die Flugbewegungen).
UAV (unmanned aircraft vehicle)	Siehe UAS bzw. Drohne.
UXO (Unexploded Ordnance)	Nicht explodierte Munition.
WAP (Wasseraufnahmepunkt)	Wasseraufnahmepunkt für Luftfahrzeuge aus offenem Gewässer, mobilem Behälter oder mittels Schlauchbefüllung.
Wasser Marsch!	Befehl zum Öffnen des Außenlastbehälters.

7.2 Vordrucke

7.2.1 Erfassung Hubschrauberdaten

Hubschrauberträger:
(Zutreffendes bitte ankreuzen, Textfelder ausfüllen.)
Landespolizei: ❍
Bundespolizei: ❍
Bundeswehr: ❍
Privat: ❍ Wenn angekreuzt, Firmenname: ____________

Standort:
PLZ: _______________ Ort: _______________

Kommunikation (Flugfunk wird vorausgesetzt!):
BOS-Funk verbaut

Analog: ❍
Digital: ❍

Kategorisierung:

Typ (interntl.) Dt. Beschr.		**Löschwasser-menge (Liter)**	**Hier die verfügbare Heli-Stückzahl eingeben**	**Winde angebaut (bitte ggf. ankreuzen)? Wenn angekreuzt, Zahl damit ausgestatteter Maschinen?**	
I	Groß	> 2.000		❍	
II	Mittel	800–2.000		❍	
III	Klein	< 800		❍	

Außenlastbehälter:
Vorhanden: ❍

Löschwassermenge (Liter)	**Hier die verfügbare Stückzahl eingeben**
> 2.000	
800–2.000	
< 800	

Zusätzliche Möglichkeiten:
Personaltransport im Heli:

_______ Pers. (voll ausgerüstete Einsatzkräfte, je ca. 100 kg)

Umbau zum Behelfs-RTH (Einschub Trage, Mitnahme Medizintechnik) möglich:

❍ ja ❍ nein

7.2.2 Erfassung der Hubschrauber

Hubschrauber für den Lösch- bzw. Außenlasteinsatz oder Personentransport (Paxe):

Heli-Nr.	Hubschrauber-beschreibung Fabrikat, Bezeichnung	Intl. **I** **II** **III**	Dt. **G**roß **M**ittel **K**lein	Außen-last in kg	Max. LW-Menge in L	Behäl-tertyp	Max. Paxe im Hub.	Betreiber und Bemerkungen Pol = Landespolizei BPol = Bundespolizei Bw = Bundeswehr Pr = Privat Gegebenenfalls weitere Betreiber Weitere Ausstattung (zum Beispiel FLIR, Winde) hier ergänzen:
1								
2								
3								
4								
5								
6								
7								
8								
9								
10								
11								
12								

7.2.3 Hubschrauber für den Rettungs-/ Rescueeinsatz oder Patiententransport

Heli- **Nr.**	Hubschrauber- beschreibung Fabrikat, Bezeichnung	Intl. **I** **II** **III**	Dt. **G**roß **M**ittel **K**lein	Außen- last in kg	Max. LW- Menge in L	Behäl- tertyp	Max. Pat im Hub.	Betreiber und Bemerkungen Pol = Landespolizei BPol = Bundespolizei Bw = Bundeswehr Pr = Privat Gegebenenfalls weitere
R1								
W1								
R2								
W2								
W = mit Winde								

Es hat sich als praktikabel herausgestellt, die Fähigkeiten eines Hubschraubers auf einer Seite darzustellen, damit man je Hubschrauber die Eckpunkte klar ersichtlich auf der Lage im Abschnitt Luft darstellen kann. Weiterhin ist das Formular geeignet, um bei einem Briefing alle wichtigen Informationen abzufragen.

7.2.4 Einsatzprotokoll – Fachberater Flughelfer

Flughelfer-Bayern
Einsatzprotokolle - Fachberater Flughelfer

Flughelfer Standort

II. Hubschrauber

Einsatzort:	Datum:
Fliegerischer Einsatzleiter:	Funkverbindung:

Hubschrauber Typ:	Pilot / Bordtechnik:
	Funkname:
	Funkverbindung 1:
	Funkverbindung 2:

	Organisation	Bemerkungen	OK
1	Aufteilung / Einrichtung Landeplatz		
2	Notfall Planung		
3	Betankung		
4	Verständigung / Einweisung		
5	Bedienung Außenlasten		
6	Zusatzausstattung Hubschrauber		
7	Lagerplatz für Ausbauteile		

Einsatz-Technische Daten

Flugzeit heute	Uhrzeit:		
Flugzeit bis zur Betankung	Minuten:		
Löschmittelmenge / Außenlastgewicht	kg / ltr:		
Verlängerungen	Meter:		
Personenflug im Hubschrauber:	ja:	nein:	für Doku bzw. Einsatzleitung
Winch-Möglichkeit	ja:	nein:	

Sonstiges

Stand 2020 Vordruck FB Flughelfer

www.sfs-w.de

7.3 ICAO-/NATO-Alphabet – Auszug aus CIMOLINO, ELH, 2024

Achtung:

Die Umlaute „Ä“, „Ö“ und „Ü“ sind nur in der deutschsprachigen Version des Nato-Alphabets gebräuchlich!

A	Alpha	N	November
Ä	Alpha-Echo	O	Oscar
B	Bravo	Ö	Oscar-Echo
C	Charlie	P	Papa
Ch	–	Q	Quebec
D	Delta	R	Romeo
E	Echo	S	Sierra
F	Foxtrott	Sch	–
G	Golf	T	Tango
H	Hotel	U	Uniform
I	India	Ü	Uniform-Echo
J	Juliett	V	Victor
K	Kilo	W	Whisky
L	Lima	X	X-Ray
M	Mike	Y	Yankee
		Z	Zulu

7.4 Satellitengestützter Krisen- und Lagedienst (SKD) im BKG – Aktuelle Lageinformation aus aufbereiteten Luft- und Satellitenfernerkundungsdaten

Auszug aus: CIMOLINO, ELH, 2024

Das ZKI ist eine Einrichtung des Deutschen Fernerkundungsdatenzentrums (DFD) am Standort Oberpfaffenhofen des Deutschen Zentrums für Luft- und Raumfahrt (DLR) und ist seit 2004 in Betrieb. Es betrieb von 2013–2020 im Zentrum für satellitengestützte Kriseninformation (ZKI) einen Service für Bundesbehörden (ZKI-DE). Dieser wurde Ende 2020 in den Satellitengestützter Krisen- und Lagedienst (SKD) des Bundesamts für Kartographie und Geodäsie (BKG) integriert.

Im SKD werden Erdbeobachtungsdaten wie Satelliten-, Luftbilder und andere Geodaten für das In- und Ausland beschafft, analysiert und daraus aktuelle Lageinformation vor, während oder nach Krisensituationen sowie bei planbaren Großereignissen erstellt. Die Produktbereitstellung (inkl. Kosten) werden zumeist über drei sog. Services ermöglicht: SKD für Bundesbehörden, Copernicus Emergency Management Service (CEMS) der EU und der International Charter „Space and Major Disasters". Die Datenprodukte der Services eignen sich für Zeit- und Sofortlagen. In erster Linie jedoch für großräumige und länger andauernde Lagen, da die Bereitstellung technisch bedingt derzeit eher 1–3 Tage dauert und die Aufnahmegebiete relativ groß sind.

Die krisenrelevanten Informationen werden in Absprache mit SKD-Nutzern generiert und beispielsweise in Form von Karten, Geo-pdf, web-Diensten oder als Textdossiers herausgegeben. Zu den sowohl nationalen als auch internationalen Nutzern des SKD zählen v.a. politische Entscheidungsträger, Lagezentren sowie agierende Bundeseinrichtungen. Darüber hinaus werden beim SKD Beratungsleistungen sowie Schulungen und Übungen angeboten.

Die Anforderung von Datenprodukten sowie von z.B. Beratungs- oder Interpretationsdienstleistungen erfolgt für die Feuerwehren über den Dienstweg, das heißt z.B. über die örtlich zuständige Leitstelle, über die Bezirksregierung bzw. das Innenministerium an das GMLZ und von dort an das SKD im BKG.

Das THW hat als Bundesbehörde einen eigenen Zugang zum SKD.

Eine direkte Vorabberatung ist beim SKD kostenfrei möglich.

Literatur

- @fire: Workshop AirOperations, Tagungsunterlagen und -ergebnisse, Bad Homburg, 2020
- Australian Government – Civil Aviation Safety Authority (CASA) – CASA 57/18 — Flight Training (Helicopter Firefighting Endorsement) Approval, 2018
- Azcarate, Juan Caamano: Operaciones Aereas en Incendios Forestales, PAU COSTA FOUNDATION, Tivissa (Esp), 2014
- BBK: Drohnen im Bevölkerungsschutz, Bonn, 2019; https://www.bbk.bund.de/DE/Themen/Krisenmanagement/Lagebild/Drohnen/drohnen_node.html, abgerufen: 16.01.2024
- BBK: Empfehlungen für gemeinsame Regelungen zum Drohneneinsatz im Katastrophenschutz, Bonn, 2020, https://www.feuerwehrverband.de/muster-dienstvorschrift-fuer-drohneneinsatz-online/, abgerufen: 16.01.2024
- BBK: Empfehlungen für gemeinsame Regelungen zum Drohneneinsatz im Bevölkerungsschutz (EGRED-2), Bonn, 2024, https://www.bbk.bund.de/SharedDocs/Downloads/DE/Mediathek/Publikationen/Krisenmanagement/EGRED2.pdf, abgerufen: 04.06.2024
- Cimolino, Dr. Ulrich: Kommunikation im Einsatz, ecomed, Landsberg, 2000–2008
- Cimolino, Dr. Ulrich: Einsätze bei Munitionsverdachtsflächen, in: brandschutz 12/2019, Verlag W. Kohlhammer, Stuttgart, 2019
- Cimolino, Dr. Ulrich (Hrsg.): Vegetationsbrandbekämpfung, Reihe Einsatzpraxis, ecomed Verlag, Landsberg, 2019
- Cimolino, Dr. Ulrich (Hrsg.): Vegetationsbrandbekämpfung, Reihe Standardeinsatzregeln, ecomed Verlag, Landsberg, 2020
- Cimolino, Dr. Ulrich: EU-Module für die Vegetationsbrandbekämpfung, in: brandschutz 08/2019, Verlag W. Kohlhammer, Stuttgart, 2019
- Cimolino, Dr. Ulrich: Auswertungen der Expertenkommission Starkregen 2021, in: vfdb-Zeitschrift 02/2022, Ebner Media Group, Bremen, 2022
- Cimolino, Dr. Ulrich (Hrsg.): Führung in Großschadenslagen, ecomed-Verlag, Landsberg, 2010–2022
- Cimolino, Dr. Ulrich (Hrsg.): Buchstabiertafel – Nato-Alphabet, aus: Einsatzleiterhandbuch, ecomed-Verlag, Landsberg, 2024
- Cimolino, Dr. Ulrich (Hrsg.): Einsatzleiterhandbuch, ecomed-Verlag, Landsberg, 2024
- CTIF: Sitzung der Forest Fire Commission, Telfs, 2024
- DFV: Fachempfehlung Sicherheit und Taktik im Vegetationsbrandeinsatz, Berlin, 2020, https://www.feuerwehrverband.de/fachempfehlung-vegetationsbrand-aktualisiert/, abgerufen am 16.01.2024
- DFV: Fachempfehlung Luftfahrzeugeinsatz, Berlin, 2022, https://www.feuerwehrverband.de/app/uploads/2022/03/DFV-FE_Luftfahrzeuge_2022.pdf, abgerufen: 16.01.2024
- DFV/vfdb: Positionspapier zum Luftfahrzeugeinsatz, Berlin/Dortmund, 2022, https://www.vfdb.de/newsroom/presse/luftfahrzeuge-fuer-die-gefahrenabwehr-

verbaende-fordern-dringend-verbesserung-der-einsatzmoeglichkeiten, abgerufen: 16.01.2024
- DGUV: DGUV-Information 214-911 – Sichere Einsätze von Hubschraubern bei der Luftarbeit https://www.bg-verkehr.de/medien/medienkatalog/dguv-informationen/dguv-information-214-911-sichere-einsaetze-von-hubschraubern-bei-der-luftarbeit; abgerufen: 16.01.2024
- DGUV Vorschrift 1, Grundsätze der Prävention, 11/2013
- DLR: Live-Lage, 2023; https://www.dlr.de/os/desktopdefault.aspx/tabid-12893/22517_read-52089/; abgerufen: 16.01.2024
- EU: Commission Implementing Decision, laying down rules for the implemention of Dec. No 1313/2013/EU, of 16 October 2014, Brüssel, 2014, https://eur-lex.europa.eu/legal-content/EN/TXT/PDF/?uri=CELEX:32014D0762, in deutsch: https://eur-lex.europa.eu/legal-content/DE/TXT/HTML/?uri=CELEX:32014D0762&from=DE; abgerufen: 16.01.2024
- EU: Interim evaluation of the Union Civil Protection Mechanism, 2014–2016, final report, August 2017, Brüssel, 2017, https://www.eumonitor.eu/9353000/1/j9vvik7m1c3gyxp/vkh7gzc882z7; abgerufen: 16.01.2024
- EU: rescEU – EU richtet Flugzeug- und Hubschrauberflotte gegen Waldbrände ein, EU, 21.05.2019, https://germany.representation.ec.europa.eu/news/resceu-eu-richtet-flugzeug-und-hubschrauberflotte-gegen-waldbrande-ein-2019-05-21_de; abgerufen: 16.01.2024
- EU: Waldbrände: EU verdoppelt rescEU-Brandbekämpfungsflotte für den Sommer 2023, Brüssel, 2023; https://ec.europa.eu/commission/presscorner/detail/de/ip_23_2943; abgerufen: 16.01.2024
- FF München: Einsatzkonzept Führungsorganisation EA Luft, FF München
- FWDV 100
- Graeger, Arvid (Hrsg.): Einsatz- und Abschnittsleitung, ecomed-Verlag, Landsberg, 2003–2009
- Mittelbach, Maximilian: Taktischer Feuereinsatz während des Waldbrandes in Beelitz, in: BRANDSchutz – Online Jahrgang 2023, bzw. Heft 06/2023, Verlag W. Kohlhammer, Stuttgart, 2023
- Morr, Mike: Flugleiter, Vortrag für den DAeC, Grünstadt, 13. Mai 2023; https://www.daec.de/media/files/2023/Fachbereiche/Luftraum_und_Flugbetrieb/Praesentation_Flugleiter_DAeC_Mike_Morr_2023.pdf; abgerufen: 16.01.2024
- NWCG (National Wildfire Coordination Group): FTA-Diagramm, 2022, https://fireaviation.com/2022/07/21/nwcg-approves-changes-to-the-fire-traffic-area-fta/; abgerufen: 16.01.2024
- Otte, Alexander: Hubschrauber in der nichtpolizeilichen Gefahrenabwehr – Eine Analyse zu organisatorischen und materiellen Optimierungsmöglichkeiten, Deutsche Hochschule der Polizei (DHPol), 2023
- Schmid, Dr. Martin: Persönliche Schutzausrüstung bei der Luftarbeit, in: BRANDSchutz – Online Jahrgang 2020, bzw. Heft 12/2020, Verlag W. Kohlhammer, Stuttgart
- Schmid, Dr. Martin: Sichere, effektive und effiziente Luftarbeit im Rahmen der Vegetationsbrandbekämpfung, in: BRANDSchutz – Online Jahrgang 2023, bzw. Heft 12/2023, Verlag W. Kohlhammer, Stuttgart, 2023
- Scottish Government, Fire and Rescue Service: Wildfire Operational Guidance, 2013

- Solheid, Andreas; Merten, Dieter: Flutkatastrophe Juli 2021: der größte Einsatz der Geschichte, in: Brandschutz 7/22, Verlag W. Kohlhammer, 2022
- Staatliche Feuerwehrschule Würzburg: Ausbildungsunterlagen zur Waldbrandbekämpfung aus der Luft, Würzburg
- United States Department of Agriculture, Forest Service: Aids to Determining Fuel Models For Estimating Fire Behavior, 1982
- United States Department of Agriculture, Forest Service: Airtanker Drop Guides, 2001
- Viking: Fire Fighting Technique, https://aerialfirefighter.vikingair.com/firefighting/firefighting-technique; abgerufen: 16.01.2024
- Waldbrandteam, Spezialisierte Kräfte Vegetationsbrand, @fire: Gemeinsame Fachempfehlung „Löschmannschaften“ – Ausbildung, Ausstattung und Einsatz von speziellen Einheiten zur Vegetationsbrandbekämpfung, 2024
- Wikipedia: Smokejumper, https://de.wikipedia.org/wiki/Smokejumper; abgerufen: 16.01.2024